剪映

零基础学视频剪辑

Windows 版

楚飞 编著

化学工业出版社

·北京·

内 容 简 介

《剪映：零基础学视频剪辑（Windows版）》分剪辑技术和热门效果两条线来组织编写，帮助读者从零开始，更快、更好地使用剪映Windows版剪辑视频，制作出理想的视频效果。

剪辑技术部分详细介绍了剪映Windows版的基础操作功能，包括视频剪辑、调色滤镜、转场动画、配乐卡点以及蒙版合成等剪辑技术要点，帮助读者掌握剪映的基本操作。热门效果部分详细介绍了抖音中热门效果的制作方法，包括网红色调、卡点视频、炫酷特效、分身视频、情景视频等，帮助读者轻松制作出爆款视频效果。

本书适合广大短视频剪辑、视频后期处理的相关人员阅读，包括喜欢拍视频和分享视频的人、视频剪辑师、Vlogger、剪辑爱好者、博主、视频自媒体运营者等，还可以作为大中专院校相关专业的辅导教材。

图书在版编目（CIP）数据

剪映：零基础学视频剪辑：Windows 版 / 楚飞编著
. — 北京：化学工业出版社，2022.1
ISBN 978-7-122-40215-8

Ⅰ．①剪… Ⅱ．①楚… Ⅲ．①视频编辑软件 Ⅳ.
①TN94

中国版本图书馆 CIP 数据核字（2021）第 220627 号

责任编辑：刘　丹　夏明慧　　　　　　美术编辑：史利平
责任校对：边　涛　　　　　　　　　　装帧设计：水长流文化

出版发行：化学工业出版社（北京市东城区青年湖南街 13 号　邮政编码 100011）
印　　装：天津图文方嘉印刷有限公司
710mm×1000mm　1/16　印张 14¾　字数 229 千字　2022 年 2 月北京第 1 版第 1 次印刷

购书咨询：010-64518888　　　　　　　　售后服务：010-64518899
网　　址：http://www.cip.com.cn
凡购买本书，如有缺损质量问题，本社销售中心负责调换。

定　　价：88.00 元　　　　　　　　　　　　　　版权所有　违者必究

如今已是一个"全民短视频时代"，短视频成为人们娱乐、消遣和记录生活，甚至是学习、了解资讯的主流媒体形式，人们越来越喜欢用动态的视频来展示自己的个性与风格。

随着抖音官方出品的剪映Windows版不断更新和完善，越来越多的人开始使用剪映Windows版来剪辑自己拍摄的视频。剪映Windows版拥有清晰的操作界面。强大的面板功能，以及适合电脑端用户的软件布局，同时也延续了移动端全能易用的操作风格，适用于多种剪辑场景。

剪映Windows版的工作界面主要由四大面板组成，分别是功能区、"播放器"面板、操作区以及"时间线"面板，本书第1章的开篇便对工作界面进行介绍，了解剪映的工作界面是熟悉软件的第1步。

本书第1章还介绍了剪映Windows版的基本视频剪辑技巧，包括如何导入素材，如何设置视频画布尺寸，如何对视频进行分割、变速、倒放、定格、旋转、裁剪以及删除等，这部分内容是学会剪映软件的基础，几乎能帮助大家完成短视频的所有剪辑需求，因此建议大家认真学习第1章。

本书第2～6章是进阶技巧，主要介绍了调色滤镜、转场动画、视频特效、字幕效果以及配乐卡点等内容，采用"技巧＋案例"的方式帮助大家进一步了解剪映各项功能的使用方法，剪出更加高级、出彩的视频。

　　例如，"滤镜"功能区中提供的预设滤镜，可以辅助调色，改变视频的色彩色调；在"调色"操作区中还可以进行亮度、对比度、饱和度、高光、阴影、色温以及色调等细节的调整；"转场"功能区中提供的转场可以使视频与视频之间过渡得更加自然、顺畅；"特效"功能区中的特效不仅漂亮，类型也很多，可以为视频渲染气氛；"文本"功能区可以添加字幕、识别歌词；在"贴纸"功能区中可以为视频添加多种多样的贴纸；"音频"功能区则为用户提供了丰富的曲库，可以为视频匹配好听的背景音乐，制作动感的卡点视频。

　　本书第7～9章主要介绍的是抖音热门效果的制作方法，包括蒙版合成、分身视频、情景视频、光影交错、动态相册、缩放相框、照片重影、魔法变身以及综艺滑屏等效果。通过丰富的后期来加工视频，从而丰富视频的内容和形式。操作技巧都不是很难，相信大家通过学习，能举一反三、轻松掌握。

本书没有枯燥的理论，属于纯实战教学，手把手教你从零开始，快速掌握剪映的基本剪辑功能和后期加工技巧。书中的70多个案例都配有具体、细致的操作步骤和教学视频，方便读者深层次地理解书中内容并执行操作。

特别提示： 本书的编写是基于当前剪映软件截取的实际操作图片，但图书从编辑到出版需要一段时间，在这段时间里，软件界面与功能可能会有调整与变化，请以实际情况为准，根据书中的提示，举一反三进行操作。

本书由楚飞编著，提供视频素材和拍摄帮助的人员有刘华敏、向小红、卢博、刘娉颖、黄玉洁、胡杨、燕羽、苏苏、巧慧、杨婷婷、彭爽、谭中阳以及杨端阳等人，在此表示感谢。由于笔者学识所限，书中难免有疏漏之处，恳请广大读者批评指正。

编著者

书中同款素材下载，
请扫码

▶ 微信扫码 ◀

目录
CONTENTS

第3章 转场动画：助你制作无缝转场效果

第4章 视频特效：轻松打造炫酷感

第 5 章　字幕效果：让你的视频更具专业范

第 6 章　配乐卡点：享受节奏上的动感魅力

第 **7** 章 | 蒙版合成：呈现出创意十足的画面

第 1 章

新手入门：
手把手教会你剪辑视频

本章是剪映学习的基础篇，主要涉及视频素材的导入、分割、变速、倒放、定格、裁剪、磨皮瘦脸以及片尾制作等内容，学会这些操作，稳固好基础，可以让你在之后的视频处理过程中更加得心应手。

001　剪映界面：快速认识后期剪辑

▶ 扫码看教程 ◀

　　剪映Windows版是由抖音官方出品的一款电脑剪辑软件，拥有清晰的操作界面，强大的面板功能。在电脑桌面上双击剪映图标，打开剪映软件，即可进入剪映首页，如图1-1所示。

图1-1　剪映首页

　　在首页右上角单击█按钮，即可登录抖音账号，获取用户在抖音上的公开信息（头像、昵称、地区和性别等）和在抖音内收藏的音乐列表。

　　在"剪辑草稿"面板中显示的则是用户所创建的文件，❶单击"批量管理"按钮，可以对草稿文件进行批量删除；❷将鼠标移至草稿文件的缩略图上并单击右下角显示的█按钮，弹出列表框；❸选择"重命名"选项，可以为草稿文件命名；❹选择"复制草稿"选项，可以复制一个一模一样的草稿文件；❺选择"删除"选项，即可将当前草稿删除，如图1-2所示。

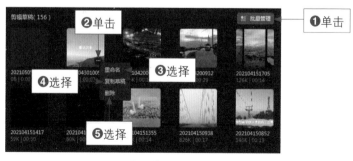

图1-2　"剪辑草稿"面板

在剪映首页单击"开始创作"按钮 ➕ 或选择一个草稿文件，即可进入视频剪辑界面，如图1-3所示。

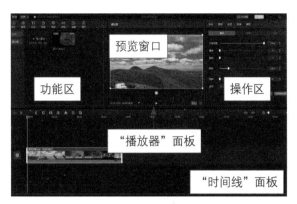

图1-3 视频剪辑界面

| 功能区 | 功能区中包括了剪映的媒体、音频、文本、贴纸、特效、转场、滤镜以及调节8大功能模块。 |

| 操作区 | 操作区中提供了画面、音频、变速、动画以及调节等调整功能，当用户选择轨道上的素材后，操作区就会显示各调整功能。 |

| "播放器"面板 | 在"播放器"面板中，单击"播放"按钮 ▶，即可在预览窗口中播放视频效果；单击"原始"按钮，在弹出的列表框中选择相应的画布尺寸比例，可以调整视频的画面尺寸大小。 |

| "时间线"面板 | 该面板提供了选择、切割、撤销、恢复、分割、删除、定格、倒放、镜像、旋转以及裁剪等常用剪辑功能，当用户将素材拖曳至该面板中时，会自动生成相应的轨道。 |

002　导入素材：增加视频的丰富度

▶ 扫码看教程 ◀

在剪映中剪辑短视频的第一步就是导入视频素材，之后才能对视频素材进行加工处理。下面介绍在剪映中导入短视频素材的操作方法。

步骤 01 进入视频剪辑界面，在"媒体"功能区中，单击"导入素材"按钮，如图1-4所示。

步骤 02 弹出"请选择媒体资源"对话框，选择相应的视频素材，如图1-5所示。

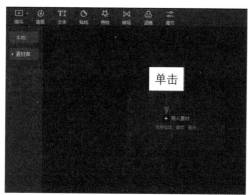
图1-4 单击"导入素材"按钮

图1-5 选择相应的视频素材

步骤 03 单击"打开"按钮，将视频素材导入"本地"选项卡中，选择视频素材，如图1-6所示。

图1-6 选择视频素材

步骤 04 在预览窗口即可自动播放视频效果，如图1-7所示。

步骤 05 单击素材缩略图右下角的添加按钮，即可将导入的视频添加到视频轨道中，如图1-8所示。

图1-7 预览视频效果

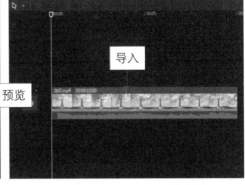

图1-8 将视频添加到视频轨道中

003 　模糊背景：更能吸引观众

当用户将横版视频转换为竖版后，如果对于黑色背景不太满意，即可使用剪映的"背景填充"功能，模糊填充视频背景。下面介绍在剪映中设置背景模糊效果的操作方法。

▶ 扫码看效果 ◀　　▶ 扫码看教程 ◀

步骤 01 在剪映中导入视频素材并将其添加到视频轨道中，单击预览窗口下方的"原始"按钮，如图1-9所示。

步骤 02 ❶设置画布比例为9∶16；❷可将视频画布调整为竖屏的尺寸大小，如图1-10所示。

图1-9 单击"原始"按钮

图1-10 调整视频画布比例

步骤 03 选择视频轨道上的素材，在"画面"操作区中，❶切换至"背景"选项卡；❷单击"背景填充"下方的下拉按钮，如图1-11所示。

步骤 04 在弹出的列表框中，选择"模糊"选项，如图1-12所示。

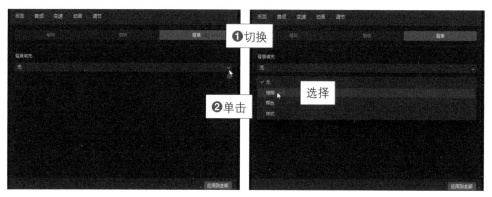

图1-11　单击"背景填充"下拉按钮　　　图1-12　选择"模糊"选项

▶ **专家提醒**

选择背景填充效果时，除了模糊外，用户还可以选择颜色和样式进行背景填充。

步骤 05 在展开的面板中，❶选择第2个模糊样式；❷面板中会弹出信息提示，提示用户所选背景已添加至视频片段中，如图1-13所示。

步骤 06 此时用户可以在"播放器"面板的预览窗口中看到添加的模糊背景，精美的背景效果能够更好地衬托视频画面，如图1-14所示。

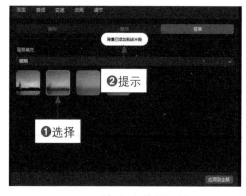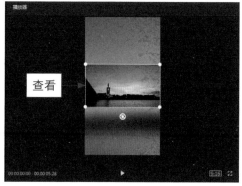

图1-13　选择相应的模糊样式　　　图1-14　查看添加的模糊背景

▶ 专家提醒

预览窗口左下角的时间，表示当前时长和视频的总时长；单击右下角的▣按钮，可全屏预览视频效果；单击"播放"按钮▷，即可播放视频。

004 分割功能：删除分割后的片段

在剪映中应用"分割"功能可以将视频分割为多个小片段，然后将不需要的画面片段删除。下面介绍在剪映中分割视频素材并删除视频片段的具体操作方法。

▶ 扫码看效果 ◀   ▶ 扫码看教程 ◀

步骤 01 在剪映中导入视频素材，并通过拖曳的方式将其添加到视频轨道中，如图1-15所示。

步骤 02 ❶拖曳时间指示器至00：00：02：27的位置处；❷单击"分割"按钮❚❚，如图1-16所示。

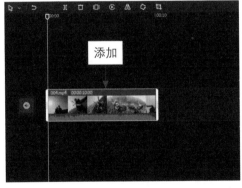

图1-15 将视频添加到视频轨道中

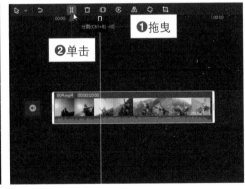

图1-16 单击"分割"按钮

步骤 03 用上述同样的方法，❶拖曳时间指示器至00：00：06：02的位置处；❷单击"分割"按钮❚❚，对视频进行分割；❸选择分割出来的第2段视频；❹单击"删除"按钮▣，如图1-17所示。

步骤 04 执行操作后，即可删除分割后不需要的视频片段，如图1-18所示。在预览窗口中，可以查看视频效果。

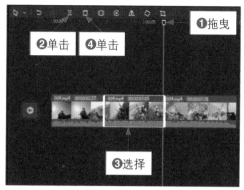

图1-17 单击"删除"按钮

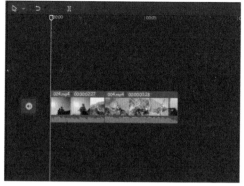

图1-18 删除分割后不需要的视频片段

005 变速功能：曲线调整视频速度

"变速"功能能够改变视频的播放速度，使视频的播放速度随着背景音乐的变化，一会快一会慢，让画面更有动感。下面介绍在剪映中制作曲线变速短视频的操作方法。

▶ 扫码看效果 ◀

▶ 扫码看教程 ◀

步骤 01 进入剪映剪辑界面，❶在视频轨道上添加一段视频素材；❷在音频轨上添加合适的背景音乐，如图1-19所示。

步骤 02 选择视频素材，在操作区中单击"变速"按钮，切换至"变速"操作区，如图1-20所示。此时会默认

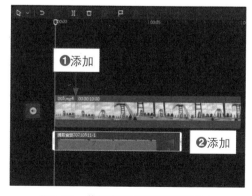

图1-19 将视频添加到视频轨道中

进入"常规变速"选项卡中，在该选项卡中可以通过拖曳"倍数"滑块或输入参数的方式，调整整段视频的播放速度。

步骤 03 单击"曲线变速"按钮，切换至"曲线变速"选项卡，如图1-21所示。其中提供了多种曲线变速的模板，还可以自定义调整变速时间点。

图1-20　单击"变速"按钮

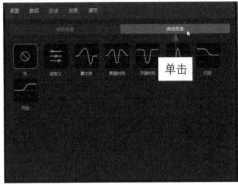

图1-21　单击"曲线变速"按钮

步骤 04 选择"蒙太奇"选项，面板中会显示曲线调整面板，如图1-22所示。

步骤 05 ❶将时间轴拖曳到需要进行变速处理的位置；❷单击 + 按钮，如图1-23所示。

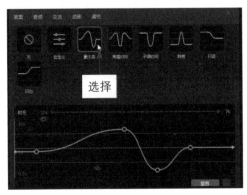

图1-22　选择"蒙太奇"选项

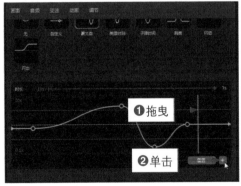

图1-23　单击相应按钮（1）

步骤 06 执行上述操作后，即可添加一个新的变速点，如图1-24所示。

步骤 07 执行操作后，❶将时间轴拖曳到需要删除的变速点上；❷单击 - 按钮，如图1-25所示。

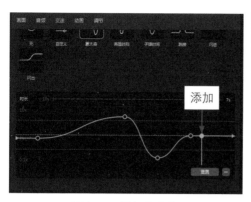

图1-24　添加变速点

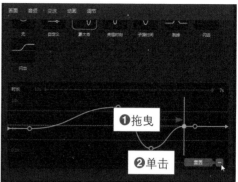

图1-25　单击相应按钮（2）

步骤 08　执行上述操作后，即可删除所选的变速点，如图1-26所示。

步骤 09　根据背景音乐的节奏，适当添加、删除并调整变速点的位置，如图 1-27所示。

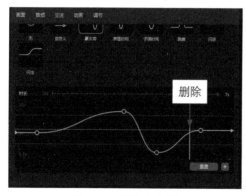

图1-26　删除变速点

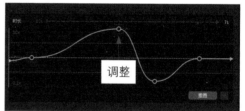

图1-27　调整其他变速点

006　倒放功能：实现时光倒流效果

　　在制作一些短视频时，我们可以将视频倒放，得到更有创意的效果。扫码看视频，可以看到原本视频中的画面完全反过来了，向前骑行变成了倒着骑行。下面介绍在剪映中制作视频倒放、时光倒流的操作方法。

▶ 扫码看效果 ◀

▶ 扫码看教程 ◀

步骤 01 在剪映中导入视频素材并将其添加到视频轨道中，如图1-28所示。在预览窗口中可以查看视频画面。

步骤 02 ❶选择视频素材；❷单击"倒放"按钮 ⓒ，如图1-29所示。

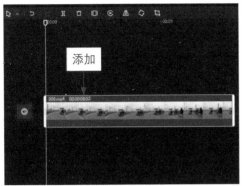

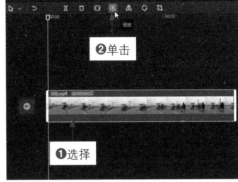

图1-28　将视频添加到视频轨道中

图1-29　单击"倒放"按钮

步骤 03 执行上述操作后，即可对视频进行倒放处理，并显示处理进度，如图1-30所示。

步骤 04 稍等片刻即可完成倒放处理，如图1-31所示。

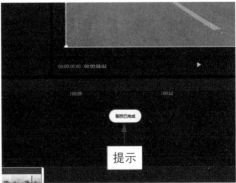

图1-30　显示倒放进度

图1-31　倒放完成

007 定格功能：**制作画面定格效果**

通过剪映的"定格"功能，可以让视频画面定格在某个瞬间。用户在碰到精彩的画面镜头时，即可使用"定格"功能来延长这个镜头的播放时间，从而增加视频对观众的吸引力。下面介绍在剪映中制作画面定格的具体操作方法。

▶ 扫码看效果 ◀　　▶ 扫码看教程 ◀

步骤 01 进入剪辑界面，在"媒体"功能区中导入一个视频素材，并将其添加到视频轨道上，如图1-32所示。

步骤 02 ❶将时间指示器拖曳至视频结尾处；❷单击"定格"按钮 **▣**，如图1-33所示。

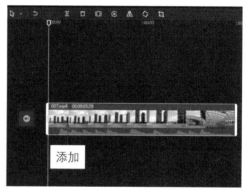

图1-32　将素材添加到视频轨道上

步骤 03 执行操作后，即可生成定格片段，如图1-34所示。

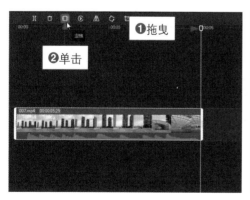

图1-33　单击"定格"按钮

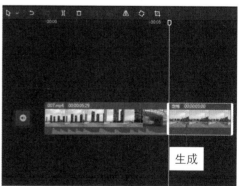

图1-34　生成定格片段

步骤 `04` 拖曳定格片段右侧的白色拉杆，即可调整其时间长度，如图1-35所示。

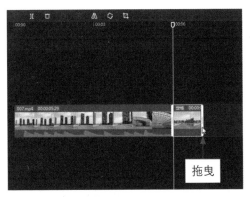

图1-35　调整定格片段的时间长度

008　旋转功能：旋转打造平行世界

　　使用剪映的"旋转"功能，可以对视频画面进行顺时针90°的旋转操作，能够简单地纠正画布的视角，或者打造一些特殊的画面。下面介绍在剪映中旋转视频画面，打造平行世界的具体操作方法。

▶ 扫码看效果 ◀

▶ 扫码看教程 ◀

步骤 `01` 在剪映中导入一个视频素材，双击视频上的添加按钮 ⊕，添加两个重复的素材到视频轨道中，如图1-36所示。

步骤 `02` 选择后一段视频素材，
❶按住鼠标左键将其拖曳至上方的画中画轨道中；
❷选择主视频轨道上的素

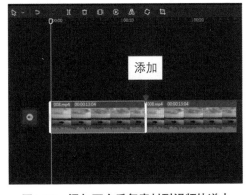

图1-36　添加两个重复素材到视频轨道中

材；❸连续单击两次"旋转"按钮 ![旋转], ❹单击"镜像"按钮 ![镜像] 翻转画面，如图1-37所示。

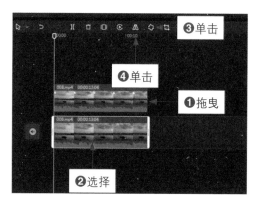

图1-37　旋转视频画面

> **步骤 03** 执行上述操作后，即可形成垂直翻转的画面效果，如图1-38所示。

> **步骤 04** 在预览窗口中，适当调整主轨道和画中画轨道的视频位置，形成上下对称的画面效果，如图1-39所示。

图1-38　垂直翻转画面

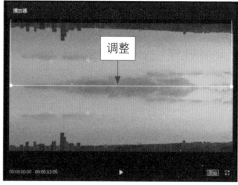

图1-39　调整视频位置

▶ **专家提醒**

剪映的"镜像"功能，可以对视频画面进行水平镜像翻转操作，主要用于纠正画面视角或者打造多屏播放效果。

009　裁剪功能：裁掉部分瑕疵画面

用户在前期拍摄短视频时，如果发现画面局部有瑕疵，或者构图不太理想，即可在后期利用剪映的"裁剪"功能，裁掉部分不需要的画面。下面介绍在剪映中裁剪视频画面的具体操作方法。

▶ 扫码看效果 ◀　　▶ 扫码看教程 ◀

步骤 01　在剪映中导入视频素材并将其添加到视频轨道中，在预览窗口中预览画面效果，如图1-40所示。可以看到画面右侧有路人，需要将右侧的路人裁剪掉。

步骤 02　❶选择视频素材；❷单击"裁剪"按钮🔲，如图1-41所示。

图1-40　预览画面效果

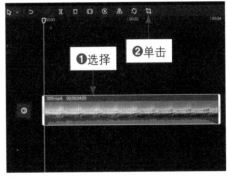

图1-41　单击"裁剪"按钮

▶ **专家提醒**

当视频画面的角度歪斜时，可以在"裁剪"对话框中设置"旋转角度"的参数，以纠正画面视角。

步骤 03　执行操作后，弹出"裁剪"对话框，设置"裁剪比例"为16∶9，如图1-42所示。

步骤 04　在"裁剪"对话框的预览窗口中，❶拖曳裁剪控制框，对画面进行适当裁剪；❷在裁剪时可以拖曳预览窗口下方的时长滑块，查看路人出现的位置；❸单击"确定"按钮，即可完成画面裁剪的操作，如图1-43所示。

图1-42　设置"裁剪比例"

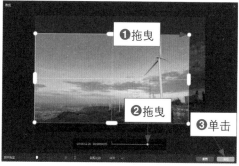

图1-43　裁剪视频画面

010　磨皮瘦脸：美化视频中的人物

　　在剪映"画面"操作区中，调整"瘦脸"参数可以为视频中的人物瘦脸；调整"磨皮"参数可以为人物磨皮，去除人物皮肤上的瑕疵，使人物皮肤看起来更光洁、更亮丽。下面介绍在剪映中为视频中的人物磨皮瘦脸的具体操作方法。

▶ 扫码看效果 ◀　　▶ 扫码看教程 ◀

步骤 01 在剪映中导入一个视频素材，双击视频上的添加按钮➕，添加两个重复的素材到视频轨道中，如图1-44所示。

步骤 02 ❶将时间指示器拖曳至相应的位置；❷选中第2段视频素材，如图1-45所示。

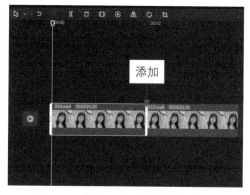

图1-44　添加两个重复的视频素材

步骤 03 在预览窗口中，可以预览视频画面效果，可以看到人物脸部有许多的斑点瑕疵，如图1-46所示。

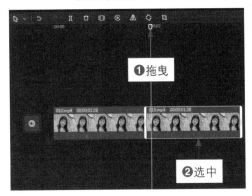

图1-45 选中第2段视频素材

图1-46 预览视频画面效果

步骤 04 ❶切换至"画面"操作区；❷拖曳"磨皮"滑块和"瘦脸"滑块至最右端，将参数调整为最大值，如图1-47所示。

步骤 05 将时间指示器拖曳至开始位置，❶切换至"特效"功能区；❷展开"基础"选项卡；❸单击"变清晰"特效中的添加按钮➕，如图1-48所示。

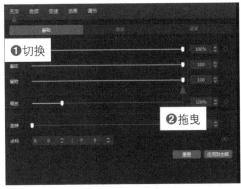

图1-47 拖曳相应滑块

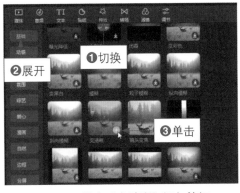

图1-48 单击"变清晰"添加按钮

步骤 06 执行上述操作后，即可添加一个"变清晰"特效，并适当剪辑特效时长，如图1-49所示。

步骤 07 将时间指示器拖曳至第2段视频的开始位置处，❶切换至"特效"功能区；❷展开"氛围"选项卡；❸单击"星光绽放"特效中的添加按钮➕，如图1-50所示。

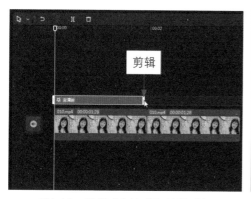

图1-49　剪辑"变清晰"特效时长

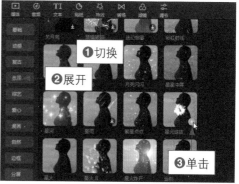

图1-50　单击"星光绽放"添加按钮

步骤 08 执行操作后，即可在轨道上添加一个"星光绽放"特效，并适当剪辑特效时长，如图1-51所示。

步骤 09 选中第2段视频，在"动画"操作区中展开"入场"选项卡，如图1-52所示。

步骤 10 ❶选择"向右甩入"选项；❷设置"动画时长"为0.5s，如图1-53所示。执行上述操作后，添加一段合适的背景音乐，在预览窗口中播放视频，预览视频中人物磨皮瘦脸的效果。

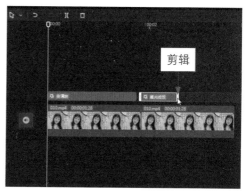

图1-51　剪辑"星光绽放"特效时长

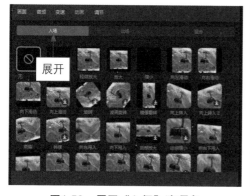

图1-52　展开"入场"选项卡

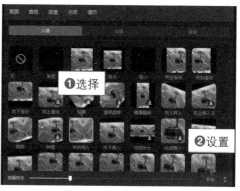

图1-53　设置"动画时长"参数

011 添加片尾：**统一制作片尾风格**

经常看短视频的用户应该会发现，网红发的短视频，片尾一般都会统一一个风格，如以账号头像作为结尾。下面介绍在剪映中制作片尾的操作方法。

▶ 扫码看效果 ◀　　▶ 扫码看教程 ◀

步骤 01 在"媒体"功能区中导入制作片尾的素材，如图1-54所示。

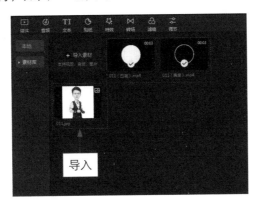

图1-54　导入制作片尾的素材

步骤 02 将白底素材添加到视频轨道上，如图1-55所示。

步骤 03 单击预览窗口下方的"原始"按钮，如图1-56所示。

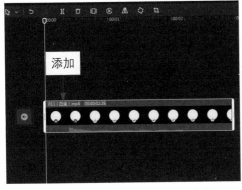

图1-55　将白底素材添加到视频轨道上

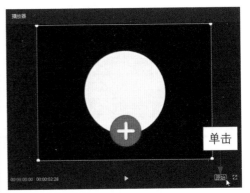

图1-56　单击"原始"按钮

步骤 04 ❶设置画布比例为9：16；❷可将视频画布调整为竖屏的尺寸大小，如图1-57所示。

步骤 05 将照片素材添加到画中画轨道中，并调整素材时长与白底素材时长一致，如图1-58所示。

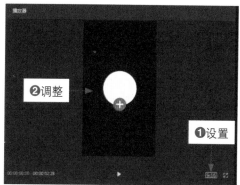

图1-57 调整视频画布比例

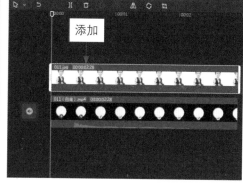

图1-58 添加照片素材

步骤 06 ❶切换至"画面"操作区；❷设置"混合模式"为"变暗"选项，如图1-59所示。

步骤 07 在预览窗口中，调整照片素材的大小和位置，如图1-60所示。

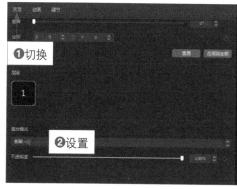

图1-59 设置"混合模式"为"变暗"选项

图1-60 调整照片素材的大小和位置

步骤 08 ❶将黑底素材添加到第2条画中画轨道上；❷调整其他两个素材时长与黑底素材一致，如图1-61所示。

步骤 09 选择黑底素材，❶切换至"画面"操作区；❷设置"混合模式"为"变亮"选项，如图1-62所示。执行操作后，即可完成片尾的制作。

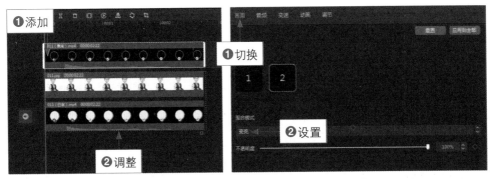

图1-61 添加黑底素材   图1-62 设置"混合模式"为"变亮"选项

012 视频完成：导出高品质的视频

当用户完成对视频的剪辑操作后，可以通过剪映的"导出"功能，快速导出视频作品为mp4或者mov等格式的成品。下面介绍在剪映中导出高品质视频的具体操作方法。

▶ 扫码看效果 ◀   ▶ 扫码看教程 ◀

步骤 01 在"媒体"功能区中导入一个视频素材，并将其添加到视频轨道中，如图1-63所示。

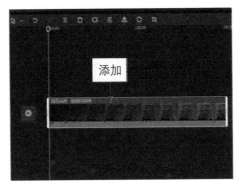

图1-63 将素材添加到视频轨道

步骤 02 选择视频轨道上的素材，❶在界面右上角单击"变速"按钮；❷在 "常规变速"选项卡中设置"倍数"为1.5x，如图1-64所示。

步骤 03 在"播放器"面板下方可以看到视频素材的总播放时长变短了，如图 1-65所示。

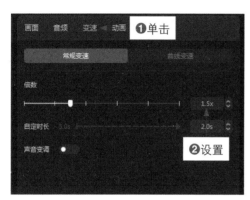

图1-64 设置变速倍数缩短播放时长

图1-65 查看总播放时长

步骤 04 单击界面右上角的"导出"按钮，如图1-66所示。

步骤 05 弹出"导出"对话框，在"作品名称"文本框中输入导出视频的名 称，如图1-67所示。

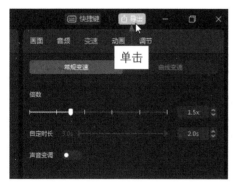

图1-66 单击"导出"按钮

图1-67 输入导出视频的名称

步骤 06 单击"浏览"按钮，弹出"请选择导出路径"对话框，❶选择相应的保存路径；❷单击"选择文件夹"按钮，如图1-68所示。

步骤 07 在"分辨率"列表框中选择"4K"选项，如图1-69所示。

步骤 08 在"码率"列表框中选择"更高"选项，如图1-70所示。

图1-68 单击"选择文件夹"按钮

图1-69 选择"4K"选项

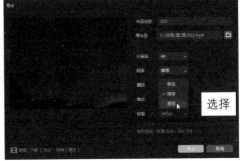

图1-70 选择"更高"选项

步骤 09 在"编码"列表框中选择"HEVC"选项，压缩视频文件，节省存储空间，如图1-71所示。

步骤 10 在"格式"列表框中选择"mp4"选项，便于手机观看，如图1-72所示。

图1-71 选择"HEVC"选项

图1-72 选择"mp4"选项

步骤 11 在"帧率"列表框中选择"60fps"选项，如图1-73所示。（注意：此处的"帧率"参数要与视频拍摄时选择的参数相同，否则即使选择最高的参数也会影响视频画质。）

步骤 12 单击"导出"按钮，显示导出进度，如图1-74所示。在导出时，对话框右侧的面板中会显示视频的相关信息。

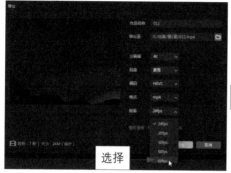

图1-73 选择"60fps"选项

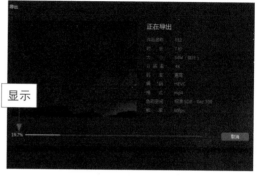

图1-74 显示导出进度

步骤 13 导出完成后，❶单击"发布至西瓜视频"右侧的按钮 ，即可打开浏览器，发布视频至西瓜视频平台；如果用户不需要发布视频，❷单击"关闭"按钮，即可完成视频的导出操作，如图1-75所示。

图1-75 单击"关闭"按钮

▶ **专家提醒**

在导出过程中，如果发现设置错误，此时可以单击"取消"按钮取消导出。完成导出操作后，会返回视频剪辑界面，如果需要查看导出的视频，可以在导出的路径文件夹中找到导出的视频，查看其是否可以正常播放。

第 **2** 章

调色滤镜：
学会调经典的网红色调

本章主要介绍如何应用剪映中的"滤镜"和"调节"功能对短视频的色调进行后期处理，包括光影调色、黑金色调、青橙色调、赛博朋克、人物调色以及复古色调等内容。学会这些操作，你可以制作出画面更加精美的短视频作品。

013 光影调色：浪漫唯美的粉紫色

剪映提供的"调节"功能非常实用，可以帮助用户更好地对视频进行光影调色，例如将夕阳调成一种偏粉紫色的色调，可以给人一种唯美浪漫的感觉。下面介绍在剪映中调整光影色调的操作方法。

▶ 扫码看效果 ◀ ▶ 扫码看教程 ◀

步骤 01 在"媒体"功能区中导入视频素材，并将其添加到视频轨道中，如图2-1所示。

步骤 02 选择视频轨道上的素材，在剪映界面的右上角单击"调节"按钮，切换至该操作区，如图2-2所示。

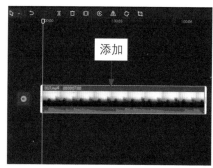
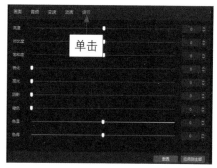

图2-1　将素材添加到视频轨道　　图2-2　单击"调节"按钮

步骤 03 ❶拖曳"亮度"滑块；❷将参数设置为−12，如图2-3所示。

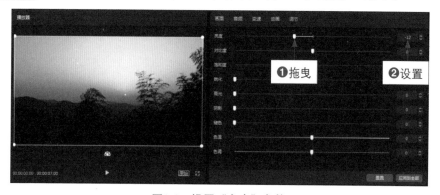

图2-3　设置"亮度"参数

步骤 04 ❶拖曳"对比度"滑块；❷将参数设置为12，如图2-4所示。

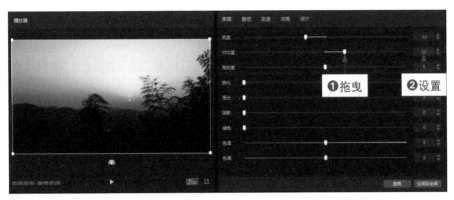

图2-4 设置"对比度"参数

步骤 05 ❶拖曳"饱和度"滑块；❷将参数设置为38，如图2-5所示。

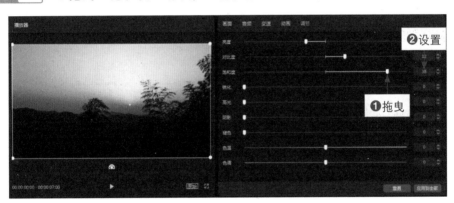

图2-5 设置"饱和度"参数

步骤 06 ❶拖曳"锐化"滑块；❷将参数设置为29，如图2-6所示。

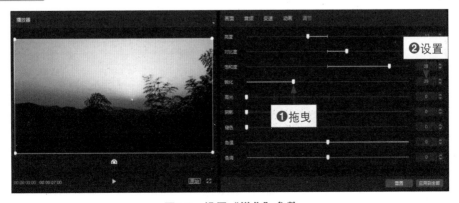

图2-6 设置"锐化"参数

步骤 07 ❶拖曳"高光"滑块；❷将参数设置为65，如图2-7所示。

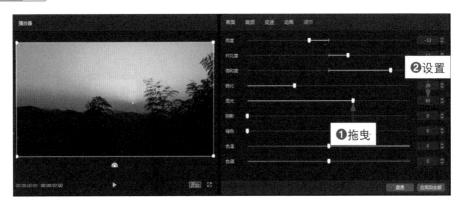

图2-7　设置"高光"参数

步骤 08 ❶拖曳"色温"滑块；❷将参数设置为−50，如图2-8所示。

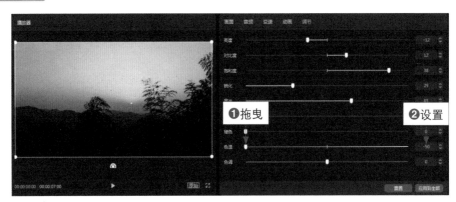

图2-8　设置"色温"参数

步骤 09 ❶拖曳"色调"滑块；❷将参数设置为13，如图2-9所示。

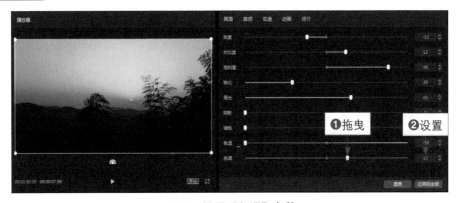

图2-9　设置"色调"参数

步骤 10 单击"播放器"面板中的"原始"按钮，❶在弹出的列表框中选择9：16选项；❷将视频画布调整为相应尺寸大小，如图2-10所示。

步骤 11 在预览窗口中适当调整主轨道视频画面的位置，如图2-11所示。

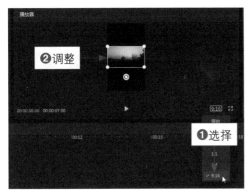

图2-10　调整画布尺寸　　　　　　图2-11　调整主轨道视频的位置

步骤 12 在"媒体"功能区中选择原视频素材，按住鼠标左键并向下拖曳至画中画轨道中，如图2-12所示。

步骤 13 选择画中画轨道上的素材，在预览窗口中适当调整视频画面的位置，如图2-13所示。

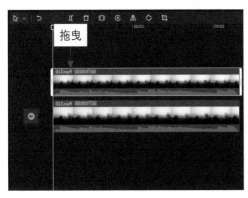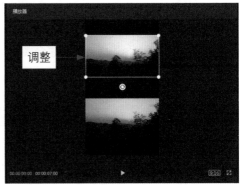

图2-12　拖曳素材至画中画轨道中　　　图2-13　调整画中画轨道的视频画面位置

步骤 14 ❶单击"文本"按钮；❷在"新建文本"选项卡中单击"默认文本"中的添加按钮🔘，如图2-14所示。

步骤 15 执行操作后，即可添加一条文本轨道，如图2-15所示。

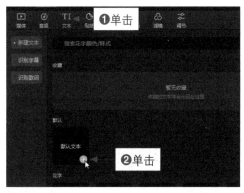

图2-14　单击添加按钮

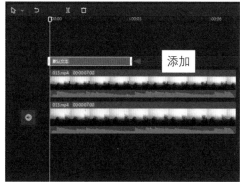

图2-15　添加一条文本轨道

步骤 16 选择添加的文本，调整其持续时间与视频一致，如图2-16所示。

步骤 17 在"编辑"操作区中的文本框中输入相应文字，如图2-17所示。

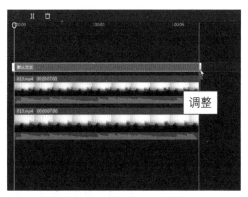

图2-16　调整文本持续时间

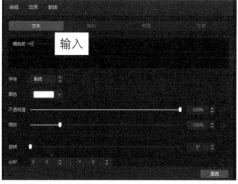

图2-17　输入相应文字

▶ **专家提醒**

　　短视频文案的内容应该简短一点，突出重点，切忌过于复杂。短视频中的文字内容越是简单明了，越能给观众带来舒适的视觉感受，阅读起来也更为方便。

步骤 18 在预览窗口中适当调整文字的大小和位置，如图2-18所示。

步骤 19 在文本轨道中，选中制作的文本，按"Ctrl + C"组合键复制，然后按"Ctrl＋V"组合键粘贴一条新的文本轨道，如图2-19所示。

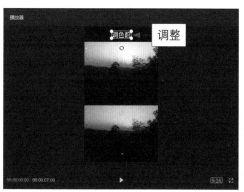

图2-18　调整文字的大小和位置

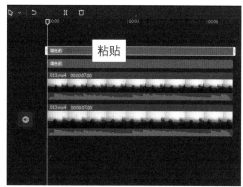

图2-19　复制粘贴一条新的文本轨道

步骤 20　执行操作后，在预览窗口中适当调整复制的文字位置，如图2-20所示。

步骤 21　在"编辑"操作区中的文本框中修改文字内容，如图2-21所示。执行操作后，即可在预览窗口中预览视频效果，上方为调色前的原视频画面，下方为调色后的视频画面，通过上下对比动态演示调色的效果。

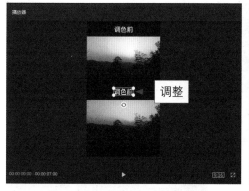

图2-20　调整复制的文字位置

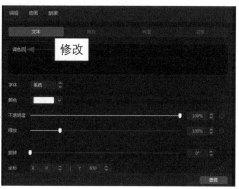

图2-21　修改文字内容

▶ 专家提醒

　　在制作调色类短视频时，采用原视频和调色后的视频效果进行对比，这是比较常用的展现手法，通过对比，观众能够对调色效果一目了然。

014　黑金色调：去掉杂色化繁为简

　　"黑金"滤镜主要是通过将红色与黄色的色相向橙红偏移，来保留画面中的"红橙黄"这3种颜色的饱和度，同时降低其他色彩的饱和度，最终让整个视频画面中只存在两种颜色——黑色和金色，让视频画面显得更

▶ 扫码看效果 ◀　　▶ 扫码看教程 ◀

有质感。下面介绍在剪映中去掉杂色制作黑金色调视频效果的具体操作方法。

步骤 01 在剪映中导入视频素材，将其添加到视频轨道中，在预览窗口中查看画面效果，如图2-22所示。

步骤 02 ❶单击"滤镜"按钮切换至该功能区；❷单击"风格化"按钮切换至该选项卡，如图2-23所示。

图2-22　查看画面效果

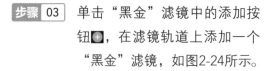

图2-23　切换至"风格化"选项卡

步骤 03 单击"黑金"滤镜中的添加按钮 ⊕，在滤镜轨道上添加一个"黑金"滤镜，如图2-24所示。

步骤 04 选择"黑金"滤镜，将时长调整为与视频同长，在"滤镜"操作区中设置"滤镜强度"为85，如图2-25所示。

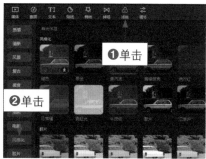
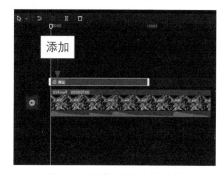

图2-24　添加"黑金"滤镜

步骤 05 选择视频轨道上的素材，如图2-26所示。

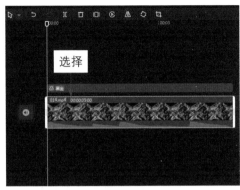

图2-25　设置"滤镜强度"参数　　　　图2-26　选择轨道上的视频素材

步骤 06 ❶切换至"调节"操作区；❷适当调整各参数，如图2-27所示。

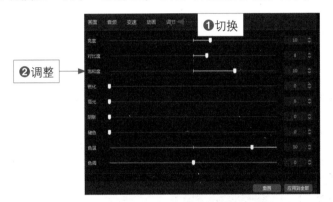

图2-27　调整"调节"区参数

▶ **专家提醒**

　　使用"风格化"滤镜是一种模拟真实艺术创作手法的视频调色方式，主要通过将画面中的像素进行置换，同时增加画面的对比度，以生成类似绘画般的画面效果。

　　例如，"风格化"滤镜组中的"蒸汽波"滤镜是一种诞生于网络的艺术视觉风格，最初出现在电子音乐领域，这种滤镜的色彩非常迷幻，调色也比较夸张，整体的画面效果偏冷色调，非常适合渲染情绪。

015 青橙色调：冷暖色的强烈对比

青橙色调是网络上非常流行的一种色彩
搭配方式，适合风光、建筑和街景等类型的
视频题材。青橙色调主要以青色和橙色为
主，能够让画面产生鲜明的色彩对比，同时
还能获得和谐统一的视觉效果。在剪映中运

用"落叶棕"滤镜和"调节"功能，即可制作出青橙色调风格的视频。下面介绍
在剪映中制作青橙色调视频效果的具体操作方法。

步骤 01 在剪映中导入视频素材并将其添加到视频轨道中，在预览窗口可以查
看视频画面效果，如图2-28所示。

步骤 02 ❶单击"滤镜"按钮切换至该功能区；❷在"复古"选项卡中单击
"落叶棕"滤镜中的添加按钮❶，如图2-29所示。

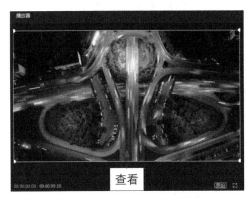

图2-28　查看视频画面效果

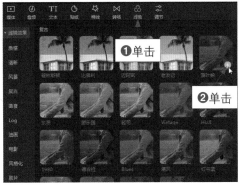

图2-29　单击"落叶棕"滤镜添加按钮

▶ **专家提醒**

除了"落叶棕"滤镜外，还可以使用剪映中的"春光乍泄"滤镜制作出
视觉反差较大的视频。"春光乍泄"滤镜主要是模拟电影《春光乍泄》的色
调风格，通过加强画面中的青蓝色与黄色色调，进行对冲搭配，从而让视频
画面产生非常明显的视觉反差与色彩对比。

步骤 03 执行操作后，即可在轨道上添加"落叶棕"滤镜，将"落叶棕"滤镜时长调整为与视频一致，如图2-30所示。

步骤 04 在预览窗口中，可以查看添加滤镜后的画面效果，如图2-31所示。

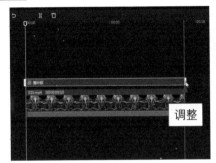

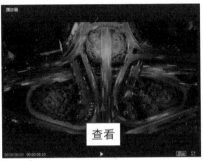

图2-30　调整滤镜时长　　　　图2-31　查看添加滤镜后的画面效果

步骤 05 选择视频素材，❶切换至"调节"操作区；❷设置"亮度"为 −5，稍微降低画面的亮度，如图2-32所示。

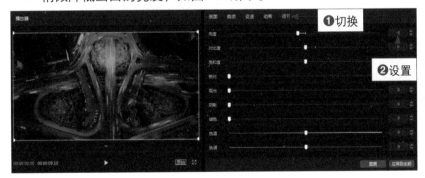

图2-32　设置"亮度"参数

步骤 06 设置"对比度"为20，增加画面的明暗反差，如图2-33所示。

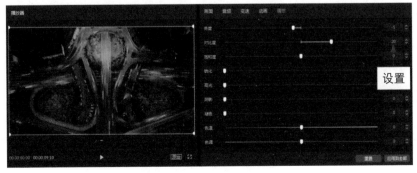

图2-33　设置"对比度"参数

步骤 07 设置"饱和度"为50，增强画面的色彩浓度，如图2-34所示。

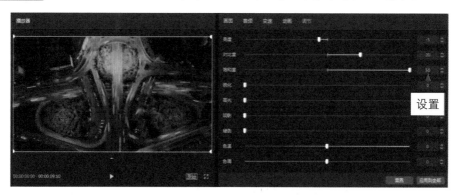

图2-34 设置"饱和度"参数

步骤 08 设置"锐化"为80，增强画面的清晰度，如图2-35所示。

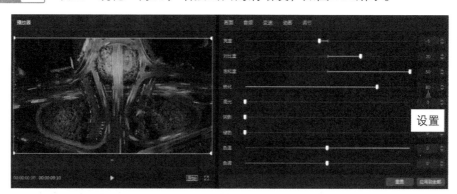

图2-35 设置"锐化"参数

步骤 09 设置"高光"为50，调整高光部分的明度，如图2-36所示。

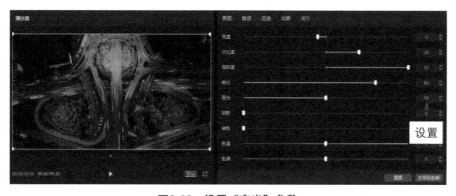

图2-36 设置"高光"参数

步骤 10 设置"色温"为 −35，增强画面的冷色调效果，如图2-37所示。

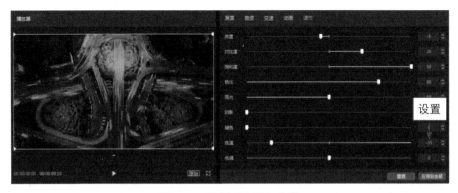

图2-37 设置"色温"参数

步骤 11 设置"色调"为10，使画面偏红色调，如图2-38所示。

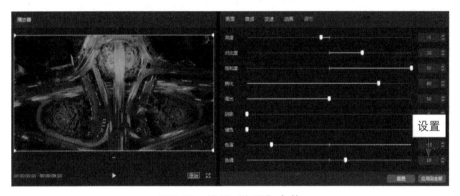

图2-38 设置"色调"参数

步骤 12 调整完毕后导出并保存效果视频，将视频轨道上的素材删除，将调整好的效果视频文件导入"媒体"功能区，如图2-39所示。

步骤 13 ①将原视频添加至视频轨道中；②拖曳原视频右侧的白色拉杆，调整其视频时长为

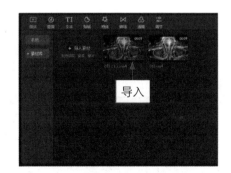

图2-39 导入效果视频文件

00：00：05：00，如图2-40所示。

步骤 14 执行操作后，在"媒体"功能区中选择效果视频文件，将其拖曳至视频轨道中，放置在原视频的后面，如图2-41所示。

步骤 15 ❶单击"转场"按钮切换至该功能区；❷在"基础转场"选项卡中选择"向右擦除"转场，如图2-42所示。

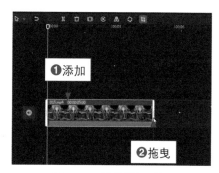

图2-40　调整视频时长

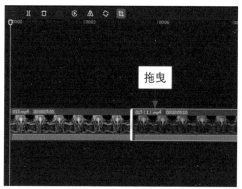

图2-41　拖曳效果视频文件

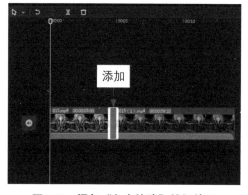

图2-42　选择"向右擦除"转场

步骤 16 单击添加按钮●，添加"向右擦除"转场效果，如图2-43所示。

步骤 17 在"转场"操作区中将"转场时长"设置为最长，如图2-44所示。执行上述操作后，即可完成青橙色调视频的制作。

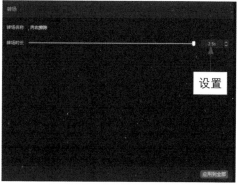

图2-43　添加"向右擦除"转场效果　　　　图2-44　将"转场时长"设置为最长

▶ 专家提醒

　　在两个视频片段的连接处添加"向右擦除"转场效果，可以呈现出一种"扫屏"切换场景的画面效果。

016　赛博朋克：**制作耀眼的霓虹光**

　　赛博朋克风格是现在网上非常流行的色调，画面以青色和洋红色为主，也就是说这两种色调的搭配是画面的整体主基调。下面介绍在剪映中调出赛博朋克色调风格视频的操作方法。

▶ 扫码看效果 ◀

▶ 扫码看教程 ◀

步骤 01　在剪映中导入视频素材，将其添加到视频轨道中，如图2-45所示。

步骤 02　❶在"滤镜"功能区中切换至"风格化"选项卡；❷单击"赛博朋克"滤镜中的添加按钮❶，如图2-46所示。

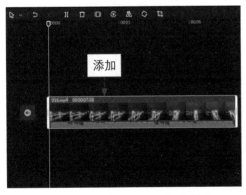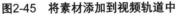

图2-45　将素材添加到视频轨道中

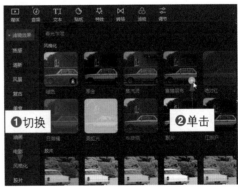

图2-46　单击添加按钮

步骤 03　执行操作后，即可在滤镜轨道中添加一个"赛博朋克"滤镜，如图2-47所示。

步骤 04　选择"赛博朋克"滤镜，将其时长调整为与视频同长，在"滤镜"操作区中设置"滤镜强度"为100，如图2-48所示。

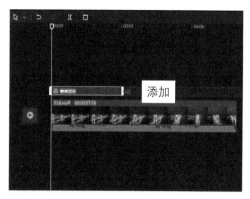

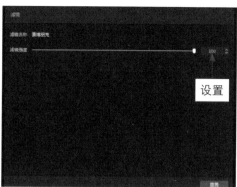

图2-47　添加"赛博朋克"滤镜　　　　　图2-48　设置"滤镜强度"参数

步骤 05 选择视频素材，❶切换至"调节"操作区；❷适当调整各参数，如图
2-49所示。

步骤 06 调整完毕后导出并保存效果视频，重新创建一个剪辑草稿，导入原视
频和调整好的效果视频文件，将效果视频添加至主视频轨道中，如图
2-50所示。

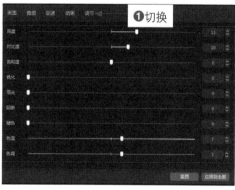

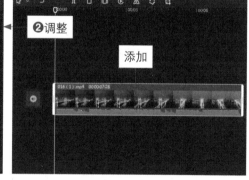

图2-49　调整各参数　　　　　图2-50　将效果视频添加至主视频轨道中

步骤 07 单击"播放器"面板中的"原始"按钮，❶在弹出的列表框中选择
9∶16选项；❷将视频画布调整为相应尺寸大小，如图2-51所示。

步骤 08 在预览窗口中适当调整主轨道中的视频画面位置，如图2-52所示。

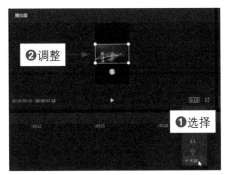

图2-51　调整视频画布尺寸

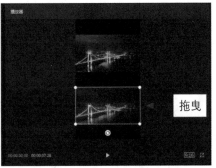

图2-52　调整主轨道的视频位置

步骤 09　在"视频"功能区中选择原视频素材，按住鼠标左键并向下拖曳至画中画轨道中，如图2-53所示。

步骤 10　选择画中画轨道中的视频，在预览窗口中适当调整视频画面的位置，如图2-54所示。

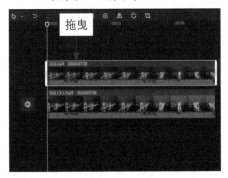

图2-53　拖曳素材至画中画轨道中

图2-54　调整视频画面的位置

017　人物调色：肤白貌美清新透亮

人物调色就是对人物进行的一种调色方法，在剪映中应用"清透"滤镜和"调节"功能，可以为视频中的人物调出清新显白的肤色。下面介绍在剪映中为人物视频调色的操作方法。

▶ 扫码看效果 ◀

▶ 扫码看教程 ◀

步骤 01 在剪映中导入一个视频素材，单击视频上的添加按钮  ，将素材添加到视频轨道中，在预览窗口中可以查看视频效果，如图2-55所示。

图2-55 查看视频效果

步骤 02 ❶切换至"滤镜"功能区；❷展开"清新"选项卡；❸单击"清透"滤镜中的添加按钮 ➕，如图2-56所示。

步骤 03 执行操作后，即可在滤镜轨道上添加一个"清透"滤镜，并适当剪辑滤镜时长，如图2-57所示。

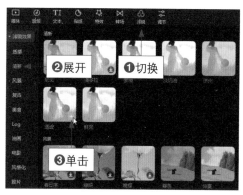

图2-56 单击"清透"添加按钮

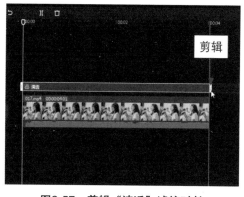

图2-57 剪辑"清透"滤镜时长

步骤 04 在预览窗口中，单击"播放"按钮 ▶，查看添加滤镜后的画面效果，如图2-58所示。可以看到添加滤镜后，画面比之前要更加地透亮。

图2-58 查看添加滤镜后的画面效果

步骤 05 ❶切换至"调节"功能区；❷单击"自定义调节"中的添加按钮 ➕，如图2-59所示。

步骤 06 执行操作后，在轨道上调整"调节1"时长与视频一致，如图2-60所示。

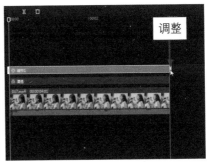

图2-59 单击"自定义调节"添加按钮 图2-60 调整"调节1"时长

步骤 07 选择轨道上的"调节1"，❶切换至"调节"操作区；❷设置"亮度"为−12，减少画面的亮度，如图2-61所示。

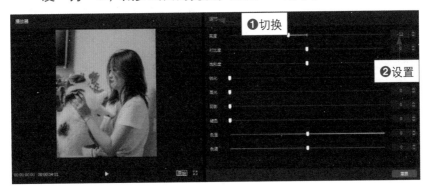

图2-61 设置"亮度"参数

步骤 08 设置"对比度"为−5，减少画面的明暗反差，如图2-62所示。

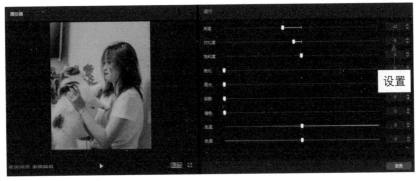

图2-62 设置"对比度"参数

步骤 09 设置"饱和度"为−5，稍微降低画面的色彩浓度，如图2-63所示。

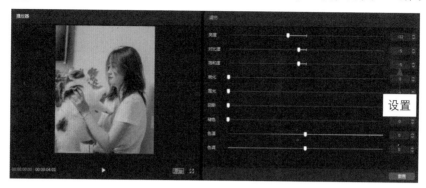

图2-63 设置"饱和度"参数

步骤 10 设置"高光"为20，调整高光部分的明度，如图2-64所示。

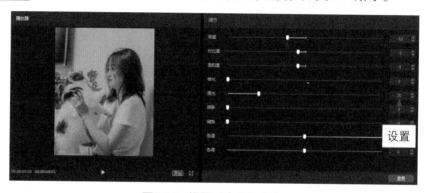

图2-64 设置"高光"参数

步骤 11 设置"色温"为−22，使画面色彩偏冷色调，如图2-65所示。执行上述操作后，即可使画面显得柔和、清新。

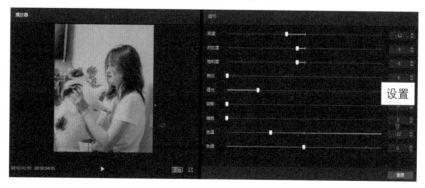

图2-65 设置"色温"参数

018   复古色调：港风陈旧的年代感

复古色调主要是将画面调"旧"，使画面呈现出一种陈旧的年代感。下面介绍在剪映中制作复古色调视频效果的具体操作方法。

步骤 01　在剪映中导入视频素材，将其添加到视频轨道中，如图2-66所示。

步骤 02　❶在"滤镜"功能区中切换至"复古"选项卡；❷单击"比佛利"滤镜中的添加按钮■，如图2-67所示。

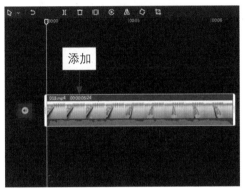

图2-66　将素材添加到视频轨道中

图2-67　单击滤镜添加按钮

步骤 03　执行操作后，即可在滤镜轨道中添加一个"比佛利"滤镜，拖曳滤镜右侧的白色拉杆，调整其时长与视频一致，如图2-68所示。

步骤 04　❶切换至"调节"功能区；❷单击"自定义调节"中的添加按钮■，如图2-69所示。

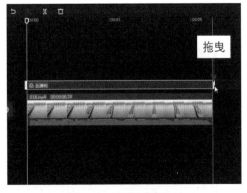

图2-68　调整滤镜时长

步骤 05 执行操作后，在轨道上调整"调节1"时长与视频一致，如图2-70所示。

步骤 06 选择轨道上的"调节1"，❶切换至"调节"操作区；❷适当调整各参数，如图2-71所示。

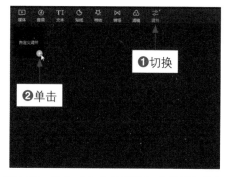

图2-69　单击"自定义调节"中的添加按钮

图2-70　调整"调节1"时长

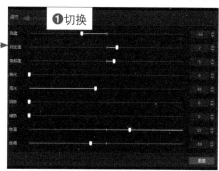

图2-71　调整各参数

步骤 07 调整完毕后导出并保存效果视频，重新创建一个剪辑草稿，导入原视频和调整好的效果视频文件，将效果视频添加至主视频轨道中，如图2-72所示。

步骤 08 在"播放器"面板中，❶设置视频画布尺寸为9∶16；❷在预览窗口中调整视频画面的位置，如图2-73所示。

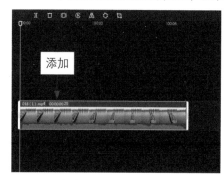

图2-72　将效果视频添加至主视频轨道中

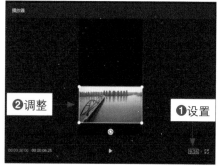

图2-73　调整视频画布尺寸及位置

步骤 09 在"媒体"功能区中选择原视频素材，按住鼠标左键并向下拖曳至画中画轨道中，如图2-74所示。

步骤 10 选择画中画轨道中的视频，在预览窗口中适当调整视频画面的位置，如图2-75所示。

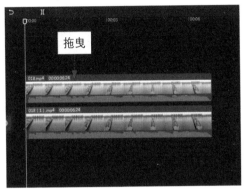

图2-74 拖曳素材至画中画轨道中

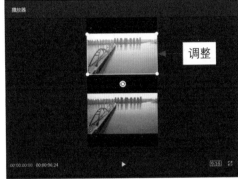

图2-75 调整视频画面的位置

步骤 11 ❶单击"文本"按钮；❷在"新建文本"选项卡中单击"默认文本"中的添加按钮⊕，如图2-76所示。

步骤 12 执行操作后，即可添加一条文本轨道，如图2-77所示。

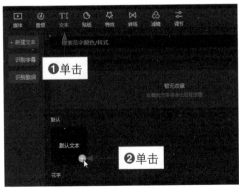

图2-76 单击添加按钮

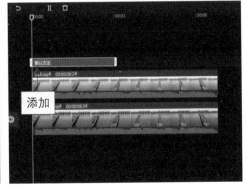

图2-77 添加一条文本轨道

步骤 13 选择添加的文本，调整其持续时间与视频一致，如图2-78所示。

步骤 14 在"编辑"操作区中的文本框中输入相应文字，如图2-79所示。

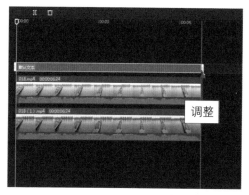

图2-78　调整文本持续时间

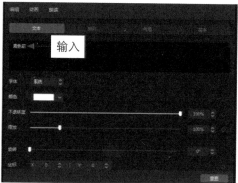

图2-79　输入相应文字

步骤 15　在预览窗口中适当调整文字的大小和位置，如图2-80所示。

步骤 16　在轨道中选中制作的文本，按"Ctrl＋C"组合键复制，然后按"Ctrl＋V"组合键粘贴一条新的文本轨道，如图2-81所示。

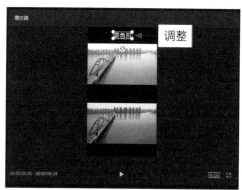

图2-80　调整文字的大小和位置

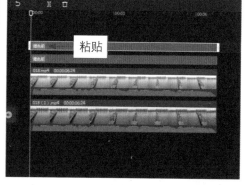

图2-81　复制粘贴一条新的文本轨道

步骤 17　在"编辑"操作区中的文本框中修改文字内容，如图2-82所示。

步骤 18　执行操作后，在预览窗口中适当调整复制的文字位置，如图2-83所示。

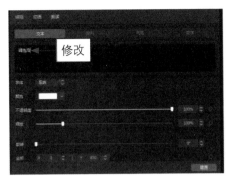

图2-82　修改文字内容　　　　　图2-83　调整复制的文字位置

步骤 19 执行操作后，即可单击"播放"按钮▶，查看视频效果。上方为调色
前的原视频画面，下方为调色后的视频画面，通过上下对比动态演示
调色的效果，如图2-84所示。

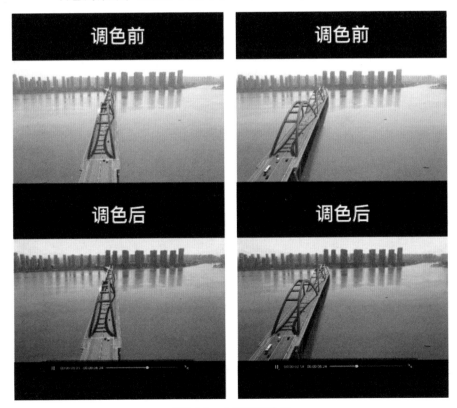

图2-84　查看视频效果

第3章

转场动画：
助你制作无缝转场效果

本章主要介绍的是在剪映中制作转场动画效果，包括基础转场、运镜转场、组合动画、水墨转场、镜像转场以及叠化转场等，根据不同场景的需要添加合适的转场效果和动画效果，可以让画面之间的切换更加自然流畅。

019　基础转场：让视频更流畅自然

在剪映的"基础转场"选项卡中，有叠化、闪黑、闪白、色彩溶解以及眨眼等多种转场效果。为短视频添加一个合适的转场，可以让画面之间的转换更加流畅自然。下面介绍在剪映中制作基础转场效果的操作方法。

▶ 扫码看效果 ◀

▶ 扫码看教程 ◀

步骤 01　在剪映中导入两个视频素材，将其添加到视频轨道中，如图3-1所示。

步骤 02　❶切换至"转场"功能区；❷展开"基础转场"选项卡；❸单击"向右擦除"转场中的添加按钮➕，如图3-2所示。

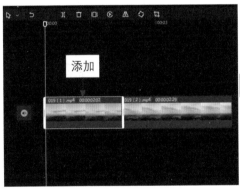

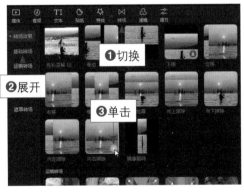

图3-1　添加两个视频素材　　　　图3-2　单击转场中的添加按钮

步骤 03　执行操作后，即可在两个视频素材之间添加一个"向右擦除"转场，如图3-3所示。

步骤 04　❶切换至"转场"操作区；❷设置"转场时长"为1.0s，如图3-4所示。执行操作后，为视频添加一段合适的背景音乐，即可完成基础转场效果的制作。

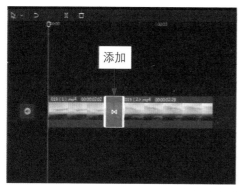

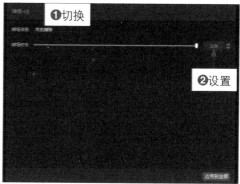

图3-3　添加"向右擦除"转场　　　　图3-4　设置"转场时长"参数

020　运镜转场：运用镜头过渡转场

在剪映的"运镜转场"选项卡中，有推近、拉远、顺时针旋转、向下以及向左下推进等转场效果。在两个视频之间添加运镜转场后，可以使画面之间的过渡像镜头拍摄运转般流畅。下面介绍在剪映中制作运镜转场效果的操作方法。

▶ 扫码看效果 ◀　　　▶ 扫码看教程 ◀

步骤 01　在剪映中导入两个视频素材，将其添加到视频轨道中，如图3-5所示。

步骤 02　❶切换至"转场"功能区；❷展开"运镜转场"选项卡；❸单击"顺时针旋转"转场中的添加按钮➕，如图3-6所示。

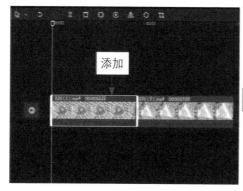

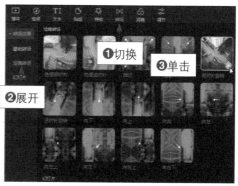

图3-5　添加两个视频素材　　　　图3-6　单击"顺时针旋转"转场中的添加按钮

步骤 **03** 执行操作后，即可在两个视频素材之间添加一个"顺时针旋转"转
场，如图3-7所示。

步骤 **04** 拖曳转场两端的白色拉杆，调整转场时长，如图3-8所示。执行操作
后，为视频添加一段合适的背景音乐，即可完成运镜转场效果的
制作。

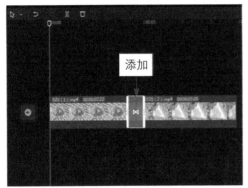

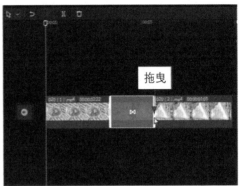

图3-7　添加"顺时针旋转"转场　　　图3-8　拖曳调整转场时长

021　入场动画：瞬间甩入视频效果

在剪映"动画"操作区的"入场"选项
卡中，为用户提供了30种入场动画，包括渐
显、放大、缩小、向左滑动、向右滑动、旋
转以及雨刷等动画。若想要制作出瞬间甩入
视频效果，可以应用向右甩入、向下甩入、
向右下甩入、向左下甩入、向右上甩入以及

▶ 扫码看效果 ◀　　▶ 扫码看教程 ◀

向左上甩入等动画。下面介绍在剪映中制作瞬间甩入视频效果的操作方法。

步骤 **01** 在剪映"媒体"功能区中导入3个视频素材，如图3-9所示。

步骤 **02** 将3个视频素材依次添加到视频轨道中，如图3-10所示。

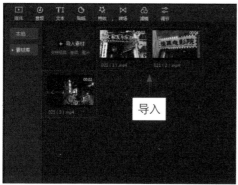

图3-9　导入3个视频素材

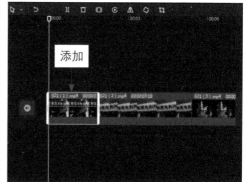

图3-10　将视频添加至视频轨道中

步骤 03 选择第1个视频素材，❶切换至"动画"操作区的"入场"选项卡中；❷选择"向右甩入"动画；❸设置"动画时长"为1.0s，如图3-11所示。

步骤 04 ❶此时视频轨上的第1段视频上会显示白色箭头，表示已添加动画效果；❷选择第2个视频素材，如图3-12所示。

图3-11　设置"动画时长"参数（1）

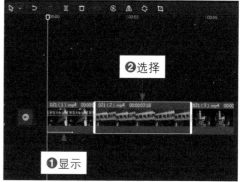

图3-12　选择第2个视频素材

步骤 05 在"动画"操作区的"入场"选项卡中，❶选择"向下甩入"动画；❷设置"动画时长"为1.0s，如图3-13所示。

步骤 06 用与上同样的方法，选择视频轨中的第3个视频素材，在"动画"操作区的"入场"选项卡中，❶选择"向左下甩入"动画；❷设置"动画时长"为0.5s，如图3-14所示。执行上述操作后，即可完成瞬间甩入视频效果的操作。

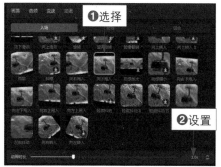
图3-13 设置"动画时长"参数（2）

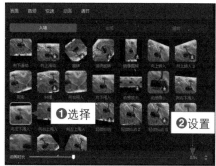
图3-14 设置"动画时长"参数（3）

022 出场动画：旋转离开视频画面

在剪映"动画"操作区的"出场"选项卡中，为用户提供了13种出场动画，包括渐隐、向左滑动、旋转、漩涡旋转以及向上转出等动画。若想要制作出旋转离开视频画面效果，可以应用旋转、漩涡旋转以及向上转出Ⅱ等动画。下面介绍在剪映中制作旋转离开视频效果的操作方法。

▶ 扫码看效果 ◀

▶ 扫码看教程 ◀

步骤 01 在剪映"媒体"功能区中导入两个视频素材，如图3-15所示。

步骤 02 将视频素材依次添加到视频轨道中，如图3-16所示。

图3-15 导入两个视频素材

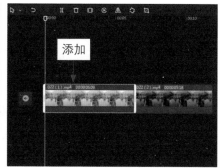
图3-16 将视频添加至视频轨道中

步骤 03 选择第1个视频素材，
❶切换至"动画"操作区
的"出场"选项卡中；
❷选择"漩涡旋转"动
画；❸设置"动画时长"
为4.0s，如图3-17所示。

步骤 04 在视频轨中选择第2个视
频素材，如图3-18所示。

图3-17 设置"动画时长"参数（1）

步骤 05 在"动画"操作区的"出场"选项卡中，❶选择"向上转出Ⅱ"动
画；❷设置"动画时长"为2.0s，如图3-19所示。执行上述操作后，
即可完成旋转离开视频效果的操作。

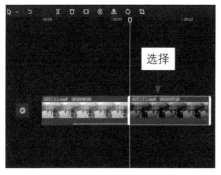

图3-18 选择第2个视频素材

图3-19 设置"动画时长"参数（2）

023 组合动画：形成视频无缝转场

　　在剪映"动画"操作区的"组合"选项
卡中，为用户提供了105种组合动画。组合动
画可以同时展现出视频的入场和出场效果，
使视频无缝转场过渡。下面介绍在剪映中应
用组合动画制作视频无缝转场效果的操作
方法。

▶ 扫码看效果 ◀

▶ 扫码看教程 ◀

步骤 01 在剪映"媒体"功能区中导入两个视频素材，如图3-20所示。

步骤 02 将视频素材依次添加到视频轨道中，如图3-21所示。

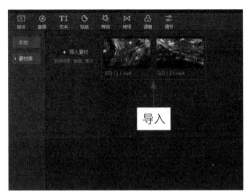

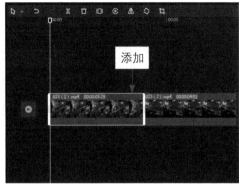

图3-20　导入两个视频素材　　　　　　图3-21　将视频添加至视频轨道中

步骤 03 选择第1个视频素材，❶切换至"动画"操作区的"组合"选项卡中；❷选择"四格滑动"动画；❸设置"动画时长"为4.0s，如图3-22所示。

步骤 04 在视频轨道中选择第2个视频素材，如图3-23所示。

图3-22　设置"动画时长"参数（1）　　　图3-23　选择第2个视频素材

步骤 05 在"动画"操作区的"组合"选项卡中，❶选择"旋转降落"动画；❷设置"动画时长"为4.1s，如图3-24所示。执行上述操作后，即可完成视频无缝转场效果的操作。

图3-24　设置"动画时长"参数（2）

024　水墨转场：**典雅国风韵味十足**

在剪映中运用水墨遮罩转场，可以制作出具有国风韵味的水墨晕染视频。下面介绍在剪映中制作水墨转场效果的操作方法。

▶ 扫码看效果 ◀　　▶ 扫码看教程 ◀

步骤 01　在剪映中导入两个视频素材，将其添加到视频轨道中，如图3-25所示。

步骤 02　❶切换至"转场"功能区；❷展开"遮罩转场"选项卡；❸单击"水墨"转场中的添加按钮，如图3-26所示。

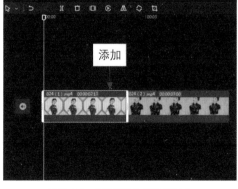

图3-25　添加两个视频素材

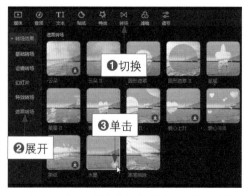

图3-26　单击"水墨"转场中的添加按钮

步骤 03 执行操作后，即可在两个视频素材之间添加一个"水墨"转场，如图3-27所示。

步骤 04 拖曳转场两端的白色拉杆，调整转场时长，如图3-28所示。执行操作后，为视频添加一段合适的背景音乐，即可在预览窗口中查看添加转场后的效果。

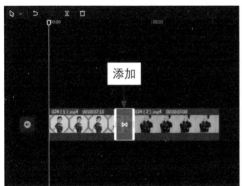

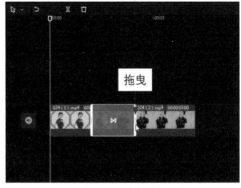

图3-27　添加"顺时针旋转"转场　　　图3-28　拖曳调整转场时长

025　镜像转场：模拟书本翻页效果

使用剪映的线性蒙版和镜像翻转动画功能，可以模拟出翻书般的视频场景切换效果。下面介绍在剪映中制作书本翻页效果的操作方法。

▶ 扫码看效果 ◀　　▶ 扫码看教程 ◀

步骤 01 在剪映中导入6个素材文件，如图3-29所示。

步骤 02 将素材依次添加到视频轨道中，如图3-30所示。

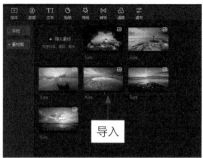

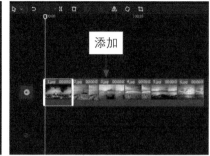

图3-29　导入素材文件　　　　图3-30　将素材添加到视频轨道中

步骤 03 在视频轨道中选择第2个素材文件，将其拖曳至画中画轨道的起始位置处，如图3-31所示。

步骤 04 在"画面"操作区中，❶切换至"蒙版"选项卡；❷选择"线性"蒙版，如图3-32所示。

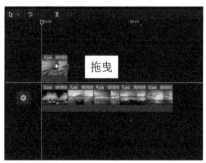

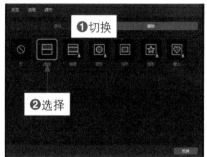

图3-31　将素材拖曳至画中画轨道中　　　　图3-32　选择"线性"蒙版

步骤 05 在预览窗口中，按住○按钮逆时针旋转蒙版至270°，如图3-33所示。

图3-33　逆时针旋转蒙版

步骤 06 复制画中画轨道中的素材文件，将其拖曳至第2条画中画轨道中，并适当调整其位置，如图3-34所示。

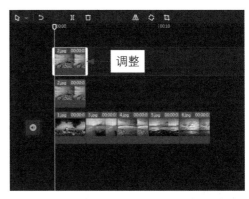

步骤 07 ❶切换至"画面"操作区；❷在"蒙版"选项卡中单击"反转"按钮，如图3-35所示。

图3-34 复制并调整画中画轨道的素材

步骤 08 执行操作后，即可反转蒙版效果，在预览窗口中可以查看反转蒙版效果，如图3-36所示。

步骤 09 选择第1个画中画轨道中的素材文件，将其时长调整为00：00：01：15，如图3-37所示。

图3-35 单击"反转"按钮

图3-36 反转蒙版效果

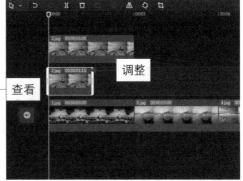

图3-37 调整第1个画中画素材的时长

步骤 10 ❶复制第1个素材文件；❷将其拖曳至第1条画中画轨道中，如图3-38所示。

步骤 11 ❶将时间指示器拖曳至第1个素材文件的结尾处；❷单击"分割"按钮Ⅱ，如图3-39所示。

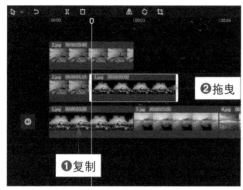

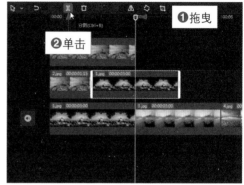

图3-38 复制并调整相应的素材文件　　　　图3-39 单击"分割"按钮

步骤 12 选择分割后的前半段素材文件，切换至"蒙版"选项卡，选择"线性"蒙版，在预览窗口中，按住◯按钮顺时针旋转蒙版至90°，如图3-40所示。

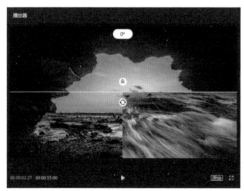

图3-40 顺时针旋转蒙版

步骤 13 ❶切换至"动画"操作区；❷在"入场"选项卡中选择"镜像翻转"选项；❸将"动画时长"设置为最长，如图3-41所示。

步骤 14 执行上述操作后，在第1条画中画轨道中，选择第1个素材文件，如图3-42所示。

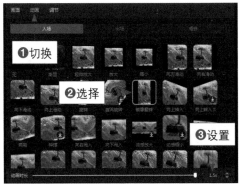

图3-41 设置"入场动画"效果

图3-42 选择相应素材文件

步骤 15 ❶切换至"动画"操作区；❷在"出场"选项卡中选择"镜像翻转"选项；❸将"动画时长"设置为最长，如图3-43所示。

步骤 16 用同样的操作方法，为其他的素材文件添加翻页转场效果，如图3-44所示。

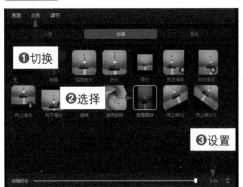

图3-43 设置"出场动画"效果

图3-44 添加翻页转场效果

026 叠化转场：人物瞬移重影效果

使用剪映"基础转场"选项卡中的"叠化"转场，可以实现人物瞬间移动和重影消失的效果。下面介绍在剪映中使用"叠化"转场制作人物瞬移和重影消失的操作方法。

▶ 扫码看效果 ◀

▶ 扫码看教程 ◀

步骤 01 在剪映中导入一个视频素材，将其添加到视频轨道中，如图3-45所示。

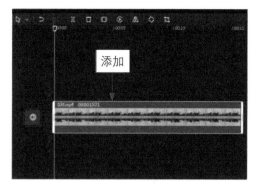

图3-45 将视频添加到轨道中

步骤 02 ❶将时间指示器拖曳至00：00：03：15的位置处；❷单击"分割"按钮 ❚❚，如图3-46所示。

步骤 03 ❶再次将时间指示器拖曳至00：00：10：00的位置处；❷单击"分割"按钮 ❚❚，如图3-47所示。

图3-46 单击"分割"按钮（1）

步骤 04 执行上述操作后，即可将视频分割为3段，❶选择第2段视频；❷单击"删除"按钮 ▢，如图3-48所示。

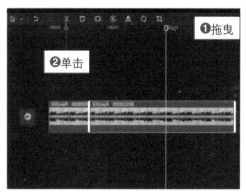

图3-47 单击"分割"按钮（2）

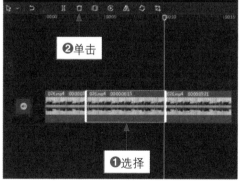

图3-48 单击"删除"按钮

步骤 05 ❶切换至"转场"功能区；❷展开"基础转场"选项卡；❸单击"叠化"转场中的添加按钮 ⊕，如图3-49所示。

步骤 06 执行操作后，即可在两个素材之间添加一个"叠化"转场，拖曳转场
两端的白色拉杆，调整转场时长，如图3-50所示。执行操作后，为视
频添加一段合适的背景音乐，完成人物瞬移重影的制作。

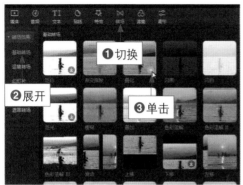

图3-49　单击"叠化"中的添加按钮

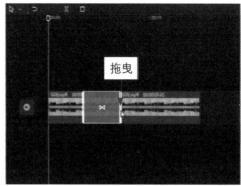

图3-50　调整转场时长

第4章

视频特效：
轻松打造炫酷感

经常看短视频的人会发现，很多热门的短视频都添加了好看的特效，不仅丰富了短视频的画面元素，而且让视频变得更加炫酷。本章将介绍5种剪映的特效制作方法，让短视频画面更加美观。

027 基础特效：黑屏开幕闭幕效果

在剪映"特效"功能区的"基础"选项卡中，为用户提供了多种基础特效，包括镜像、虚化、轻微放大、开幕、闭幕、模糊、变清晰以及电影画幅等特效。使用"开幕"特效和"闭幕"特效可以制作出电影中比较

▶ 扫码看效果 ◀   ▶ 扫码看教程 ◀

常见的黑屏开幕和黑屏闭幕的效果。下面介绍在剪映中制作黑屏开幕闭幕效果的操作方法。

步骤 01 在剪映中导入一个视频素材，并将其添加到视频轨道上，如图4-1所示。

步骤 02 ❶切换至"特效"功能区；❷展开"基础"选项卡；❸单击"开幕"特效中的添加按钮➕，如图4-2所示。

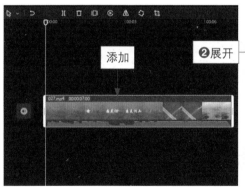
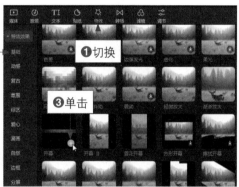

图4-1　添加视频素材　　　　图4-2　单击"开幕"特效中的添加按钮

步骤 03 执行操作后，在视频的开始位置处添加一个"开幕"特效，并适当调整其时长，如图4-3所示。

步骤 04 在"特效"功能区的"基础"选项卡中，单击"闭幕"特效中的添加按钮➕，如图4-4所示。

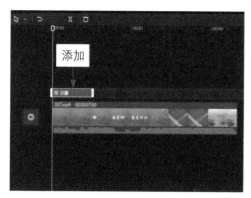

图4-3 添加"开幕"特效

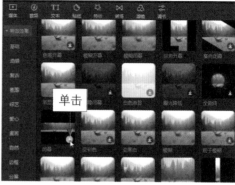

图4-4 单击"闭幕"特效中的添加按钮

步骤 05 在视频的结束位置处添加一个"闭幕"特效，并调整其时长，如图4-5所示。在预览窗口中，可以查看制作画面效果。

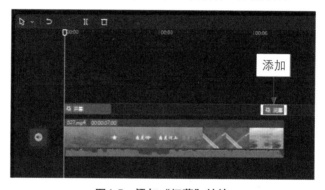

图4-5 添加"闭幕"特效

028 落叶特效：丰富视频画面效果

在剪映"特效"功能区的"自然"选项卡中，提供了多种可以为视频添加自然景观的特效，包括星空、闪电、落叶、下雨、飘雪、冰霜、雾气以及花瓣飘落等。本例将应用"落叶"特效，使静态图像产生动态的效果，丰富视频画面。下面介绍在剪映中制作落叶特效视频效果的操作方法。

▶ 扫码看效果 ◀

▶ 扫码看教程 ◀

步骤 01 在剪映中导入一个视频素材，并将其添加到视频轨道上，如图4-6所示。

步骤 02 ❶切换至"特效"功能区；❷展开"自然"选项卡；❸单击"落叶"特效中的添加按钮，如图4-7所示。

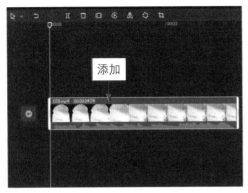

图4-6　添加视频素材

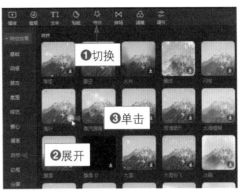

图4-7　单击"落叶"特效中的添加按钮

▶ **专家提醒**

　　如果在一个绿树成荫的视频中添加"大雪纷飞"特效，显然是不合适的，所以在应用自然特效时，一定要注意视频内容是否符合特效的应用条件。

步骤 03 执行操作后，即可在视频的开始位置处添加一个"落叶"特效，如图4-8所示。

步骤 04 拖曳特效右侧的白色拉杆，调整其时长与视频同长，如图4-9所示。执行操作后，即可完成"落叶"特效的添加。

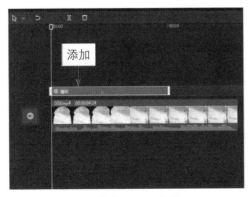

图4-8　添加"落叶"特效

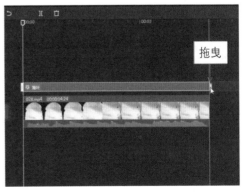

图4-9　调整特效时长

029 烟雾特效：制造一种神秘气氛

在剪映"特效"功能区的"氛围"选项卡中，有多种可以渲染视频氛围的特效，包括樱花朵朵、孔明灯、烟花、雪花细闪、心河、泡泡、荧光、金粉、羽毛以及星火等。本例应用"烟雾"特效制造一种神秘气氛。下面介绍在剪映中使用烟雾特效制造神秘气氛的操作方法。

▶ 扫码看效果 ◀

▶ 扫码看教程 ◀

步骤 01 在剪映中导入一个素材，并将其添加到视频轨道上，如图4-10所示。

步骤 02 ❶切换至"特效"功能区；❷展开"氛围"选项卡；❸单击"烟雾"特效中的添加按钮❶，如图4-11所示。

步骤 03 执行操作后，即可在视频的开始位置处添加一个"烟雾"特效，如图4-12所示。

步骤 04 拖曳特效右侧的白色拉杆，调整其时长与视频同长，如图4-13所示。执行操作后，即可完成"烟雾"特效的添加。

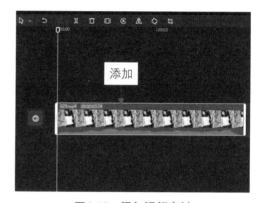

图4-10 添加视频素材

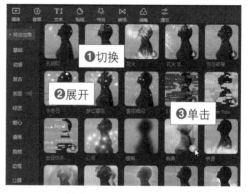

图4-11 单击"烟雾"特效中的添加按钮

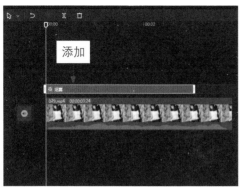
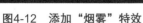
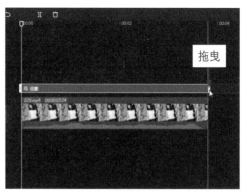

图4-12 添加"烟雾"特效　　　　　　图4-13 调整特效时长

　　如果用户觉得用一个"烟雾"特效制作出来的效果不是很明显，还可以叠加一个"模糊"特效，使画面随着烟雾的飘动由模糊变清晰。

030　边框特效：制作歌曲旋转封面

　　在剪映"特效"功能区的"边框"选项卡中，应用"播放器Ⅱ"特效，可以制作出歌曲播放旋转封面。下面介绍在剪映中制作歌曲旋转封面效果的操作方法。

▶ 扫码看效果 ◀　　▶ 扫码看教程 ◀

步骤 01　在剪映中导入一个素材，并将其添加到视频轨道上，如图4-14所示。

步骤 02　❶切换至"特效"功能区；❷展开"边框"选项卡；❸单击"播放器Ⅱ"特效中的添加按钮⊕，如图4-15所示。执行操作后，即可在视频轨道的上方添加一个"播放器Ⅱ"特效，添加一段背景音乐，即可完成视频的制作。

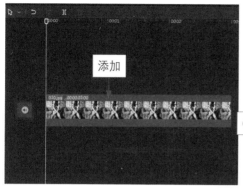

图4-14 添加视频素材

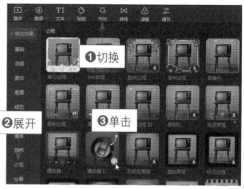

图4-15 单击特效中的添加按钮

031 仙女变身：人物叠合转换视频

　　在剪映中应用关键帧功能和"仙女变身"特效，可以制作出人物叠合转换的变身短视频。下面介绍在剪映中制作人物叠合转换变身效果的操作方法。

▶ 扫码看效果 ◀　　▶ 扫码看教程 ◀

步骤 01 在剪映中导入两个素材，并将其依次添加到视频轨道和画中画轨道上，如图4-16所示。

步骤 02 在画中画轨道中拖曳素材右端的白色拉杆，将时长调整为00：00：01：15，如图4-17所示。

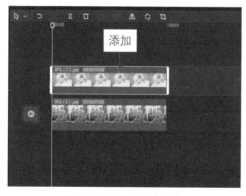

图4-16 添加素材文件

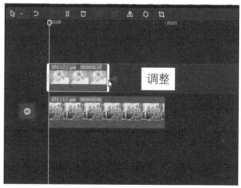

图4-17 调整画中画素材时长

步骤 03 选择画中画轨道上的素材，❶切换至"画面"操作区；❷在"基础"选项卡中设置"不透明度"参数为100%；❸单击"不透明度"右侧的关键帧按钮◆，如图4-18所示。

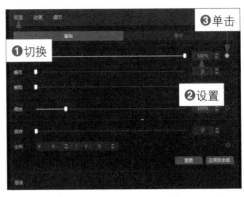

图4-18 单击关键帧按钮

步骤 04 执行操作后，❶可在素材的开始位置处添加一个关键帧；❷将时间指示器拖曳至画中画轨道素材的结束位置处，如图4-19所示。

步骤 05 在"画面"操作区中，设置"不透明度"参数为0%，如图4-20所示。

步骤 06 在时间指示器的位置处即可自动添加一个关键帧，如图4-21所示。

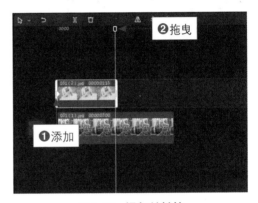

图4-19 添加关键帧

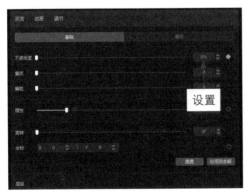

图4-20 设置"不透明度"参数

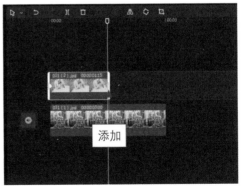

图4-21 自动添加一个关键帧

步骤 07 将时间指示器拖曳至开始位置处，❶切换至"特效"功能区；❷展开
"氛围"选项卡；❸单击"仙女变身"特效中的添加按钮➕，如图
4-22所示。

步骤 08 在特效轨道中即可添加一个"仙女变身"特效，如图4-23所示。

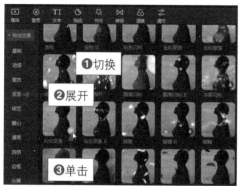

图4-22 单击特效中的添加按钮

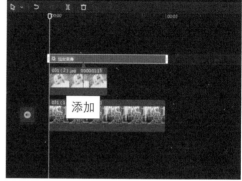

图4-23 添加"仙女变身"特效

第 5 章

字幕效果：
让你的视频更具专业范

我们在刷短视频的时候，可以看到很多短视频都添加了字幕效果，或用于歌词，或用于语音解说，让观众在短短几秒内就能看懂更多视频内容。本章将重点介绍使用剪映为视频添加字幕、贴纸的操作方法。

032 创建字幕：添加视频解说文本

在剪映中可以创建和设置精彩纷呈的字幕效果，用户可以设置文字的字体、颜色、描边、边框、阴影和排列方式等属性，制作出不同样式的文字效果。下面介绍在剪映中创建字幕，为视频添加解说文本的操作方法。

▶ 扫码看效果 ◀　　　▶ 扫码看教程 ◀

步骤 01 在剪映中导入视频素材并将其添加到视频轨道中，如图5-1所示。

步骤 02 切换至"文本"功能区，如图5-2所示。

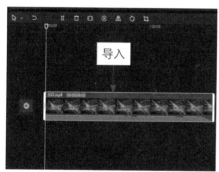

图5-1 添加视频素材　　　　图5-2 切换至"文本"功能区

步骤 03 在"新建文本"选项卡中，单击"默认文本"中的添加按钮 ⊕，如图5-3所示。

步骤 04 执行上述操作，即可在文本轨道中添加一个默认文本，如图5-4所示。

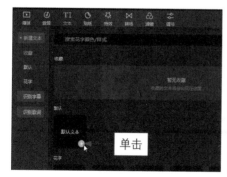
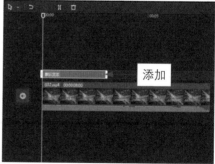

图5-3 单击添加按钮　　　　图5-4 添加一个默认文本

步骤 05 选择添加的文本，❶在"编辑"操作区中展开"文本"选项卡；❷在文本框中输入相应文字，如图5-5所示。

步骤 06 在下方选择合适的预设样式，如图5-6所示。

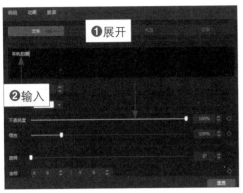

图5-5 输入相应文字

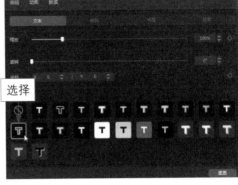

图5-6 选择合适的预设样式

步骤 07 ❶选中"描边"复选框；❷设置描边"粗细"参数为30，调整文字的描边效果，如图5-7所示。

步骤 08 ❶选中"边框"复选框；❷设置其"颜色"为黑色；❸设置"不透明度"参数为50%，如图5-8所示。

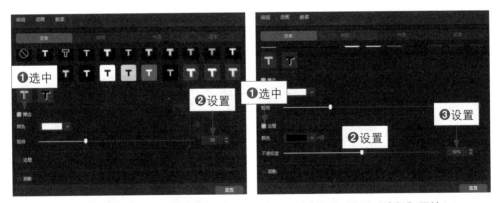

图5-7 调整文字的描边效果　　　　　　　图5-8 设置"边框"属性

步骤 09 ❶选中"阴影"复选框；❷设置"距离"为70，其他选项保持默认设置即可，如图5-9所示。

步骤 10 ❶切换至"排列"选项卡；❷设置"字间距"为20，如图5-10所示。执行操作后，即可在预览窗口中预览视频效果。

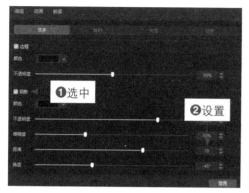

图5-9 设置"阴影"属性

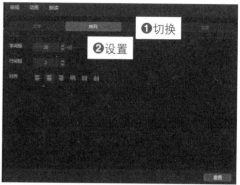

图5-10 设置"字间距"选项

033 文字样式：花字文本样式多多

剪映中内置了很多花字模板，可以帮助用户一键制作出各种精彩的艺术字效果。下面介绍在剪映中制作花字文本的操作方法。

▶ 扫码看效果 ◀

▶ 扫码看教程 ◀

步骤 01 在剪映中导入视频素材并将其添加到视频轨道中，如图5-11所示。

步骤 02 ❶切换至"文本"功能区；❷展开"花字"选项卡，如图5-12所示。

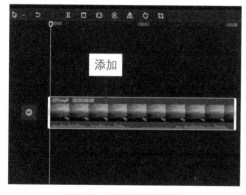

图5-11 添加视频素材

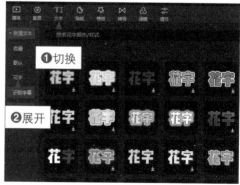

图5-12 展开"花字"选项卡

步骤 03 单击相应花字模板中的添加按钮 ⊕，如图5-13所示。

步骤 04 执行上述操作，即可在视频轨道上方添加一个文本，如图5-14所示。

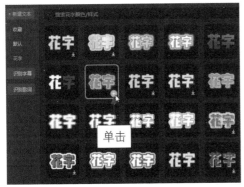

图5-13　单击添加按钮

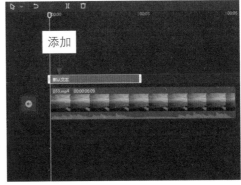

图5-14　添加文本

步骤 05 在预览窗口中，可以查看添加的花字文本模板效果，并调整文本的位置，如图5-15所示。

步骤 06 在"编辑"操作区中的文本框中输入相应文字，如图5-16所示。

图5-15　调整文本位置

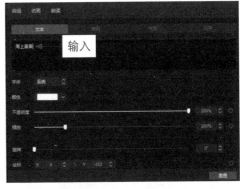

图5-16　输入相应文字

步骤 07 ❶切换至"花字"选项卡；❷用户也可以在此选择其他的花字模板，如图5-17所示。

步骤 08 选择不同的花字模板，预览窗口中显示的文字样式也会随之发生变化，如图5-18所示。

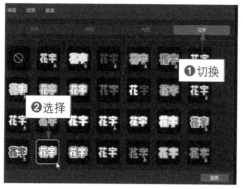

图5-17　选择其他的花字模板

图5-18　查看其他花字模板效果

034　气泡文字：气泡模板选择丰富

剪映中提供了丰富的气泡文字模板，能够帮助用户快速制作出精美的视频文字效果。下面介绍在剪映中制作气泡文字的操作方法。

▶ 扫码看效果 ◀　　▶ 扫码看教程 ◀

步骤 01　在剪映中导入视频素材并将其添加到视频轨道中，如图5-19所示。

步骤 02　❶切换至"文本"功能区；❷在"新建文本"选项卡中单击"默认文本"中的添加按钮➕，如图5-20所示。

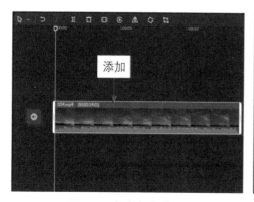

图5-19　添加视频素材

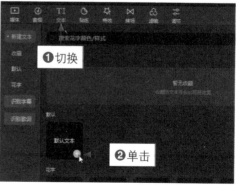

图5-20　单击添加按钮

步骤 03 在视频轨道上方即可添加一个默认文本，如图5-21所示。

步骤 04 在"编辑"操作区的文本框中输入相应文字，如图5-22所示。

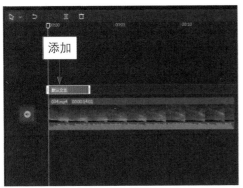

图5-21　添加一个默认文本

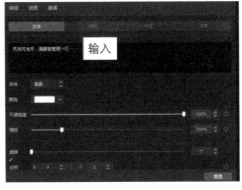

图5-22　输入相应文字

步骤 05 在预览窗口中，查看默认属性的文字效果，如图5-23所示。

步骤 06 ❶切换至"气泡"选项卡；❷选择相应的气泡模板，如图5-24所示。

步骤 07 在预览窗口中拖曳气泡文字，适当调整其位置，如图5-25所示。

步骤 08 在文本轨道中，拖曳文本右侧的白色拉杆，调整文本的时长与视频一致，如图5-26所示。执行操作后，即可在预览窗口中预览视频效果。

图5-23　查看默认属性的文字效果

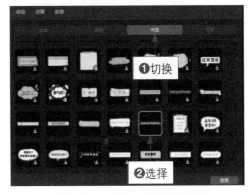

图5-24　选择相应的气泡模板

图5-25 调整气泡文字的位置

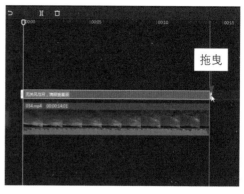

图5-26 调整文本的时长

035 贴纸效果：精彩有趣吸引目光

　　剪映能够直接给短视频添加贴纸效果，让短视频画面更加精彩、有趣，更吸引大家的目光。下面介绍在剪映中给短视频添加贴纸的操作方法。

▶ 扫码看效果 ◀　　▶ 扫码看教程 ◀

步骤 01　在剪映中导入视频素材并将其添加到视频轨道中，如图5-27所示。

步骤 02　在"贴纸"功能区中，❶切换至"氛围"选项卡；❷选择第1个烟花贴纸并单击添加按钮，如图5-28所示。

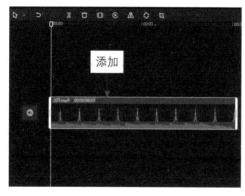

图5-27 添加视频素材

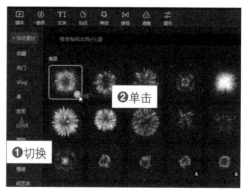

图5-28 单击添加按钮（1）

步骤 03 执行操作后，❶即可添加一个烟花贴纸；❷将时间指示器拖曳至 00：00：00：15的位置处，如图5-29所示。

步骤 04 在预览窗口中，可以查看并调整贴纸的大小和位置，如图5-30所示。

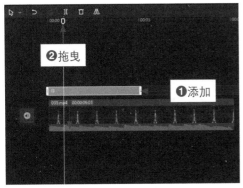

图5-29　拖曳时间指示器（1）

图5-30　调整贴纸大小和位置（1）

步骤 05 在"贴纸"功能区中，❶切换至"氛围"选项卡；❷选择第2个烟花贴纸并单击添加按钮➕，如图5-31所示。

步骤 06 执行操作后，❶即可添加第2个烟花贴纸；❷将时间指示器拖曳至 00：00：01：00的位置处，如图5-32所示。

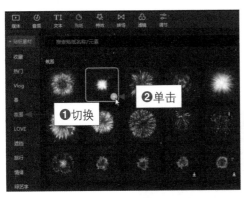

图5-31　单击添加按钮（2）

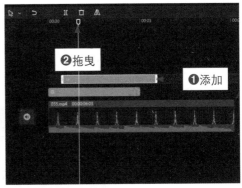

图5-32　拖曳时间指示器（2）

步骤 07 在预览窗口中，可以查看并调整贴纸的大小和位置，如图5-33所示。

步骤 08 用与上同样的方法，在00：00：01：15、00：00：02：00、00：00：02：15以及00：00：03：00的位置处各添加一个烟花贴

纸，如图5-34所示。在预览窗口中，调整好贴纸的大小和位置，即可将视频制作完成。

图5-33　调整贴纸大小和位置（2）

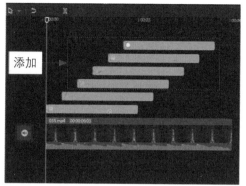

图5-34　添加多个烟花贴纸

036　文本朗读：将文字转化为语音

　　剪映的"文本朗读"功能能够自动将视频中的文字内容转化为语音，提升观众的观看体验。下面介绍在剪映中将文字转化为语音的操作方法。

▶ 扫码看效果 ◀

▶ 扫码看教程 ◀

步骤 01 在剪映中导入视频素材并将其添加到视频轨道中，如图5-35所示。

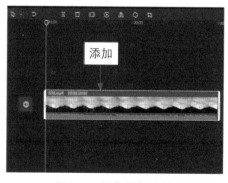

图5-35　添加视频素材

步骤 02 ❶切换至"文本"功能区的"新建文本"选项卡中；❷单击"默认文本"中的添加按钮➕，如图5-36所示。

步骤 03 在文本轨道中，即可添加一个默认文本，如图5-37所示。

图5-36　单击"默认文本"添加按钮

步骤 04 在"编辑"操作区的文本框中，输入相应的文字内容，如图5-38所示。

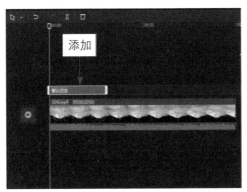

图5-37　添加一个默认文本

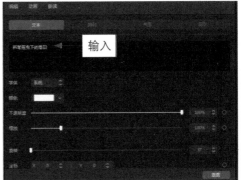

图5-38　输入相应的文字内容

▶ 专家提醒

　　在制作教程类或Vlog（视频日志）短视频时，"文本朗读"功能非常实用，可以帮助用户快速做出具有文字配音效果的视频。待生成文字语音后，用户还可以在"音频"操作区中调整音量、淡入时长、淡出时长、变声以及变速等选项，打造出更具个性化的配音效果。

步骤 05 在"预设样式"选项区中，选择合适的预设样式，如图5-39所示。

步骤 06 在预览窗口中适当调整文字的大小和位置，如图5-40所示。

图5-39　选择合适的预设样式

图5-40　调整文字的大小和位置

步骤 07　❶切换至"朗读"操作区；❷选择"小姐姐"选项；❸单击"开始朗读"按钮，如图5-41所示。

步骤 08　稍等片刻，即可将文字转化为语音，并自动生成与文字内容同步的音频，如图5-42所示。在预览窗口中，即可查看制作的文字配音效果。

图5-41　单击"开始朗读"按钮

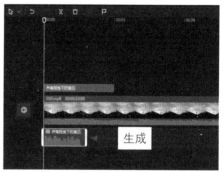

图5-42　生成与文字内容同步的音频轨道

037　识别歌词：识别人声生成字幕

　　除了识别短视频字幕外，剪映还能够自动识别短视频中的歌词内容，可以非常方便地为背景音乐添加歌词。下面介绍在剪映中识别人声生成歌词的操作方法。

▶ 扫码看效果 ◀

▶ 扫码看教程 ◀

步骤 01 在剪映中导入视频素材并将其添加到视频轨道中，如图5-43所示。

步骤 02 在音频轨道中添加一首合适的背景音乐，如图5-44所示。

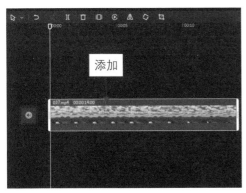

图5-43　添加视频素材

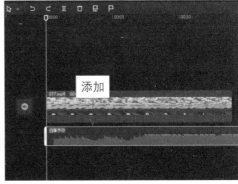

图5-44　添加背景音乐

步骤 03 适当调整背景音乐的时长，如图5-45所示。

步骤 04 在"音频"操作区中，设置"淡出时长"参数为0.3s，如图5-46所示。

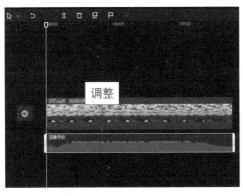

图5-45　调整音乐时长

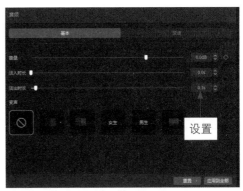

图5-46　设置"淡出时长"参数

步骤 05 在"文本"功能区中，❶切换至"识别歌词"选项卡；❷单击"开始识别"按钮，如图5-47所示。

步骤 06 稍等片刻，即可自动生成对应的歌词字幕，如图5-48所示。在"播放器"面板中单击"播放"按钮▶，即可在预览窗口中播放视频。

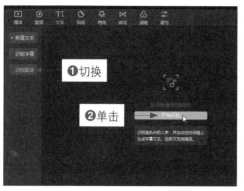
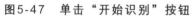

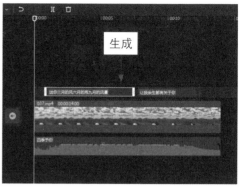

图5-47　单击"开始识别"按钮　　　　图5-48　自动生成对应的歌词字幕

038　文字消散：片头文字溶解消散

　　利用剪映的文本动画和混合模式合成功能，同时结合粒子视频素材，可以制作出片头文字溶解消散效果。下面介绍在剪映中制作片头文字溶解消散效果的操作方法。

▶ 扫码看效果 ◀　　　▶ 扫码看教程 ◀

步骤 01　在剪映中导入视频素材，如图5-49所示。

步骤 02　将第1个视频素材添加到视频轨道中，如图5-50所示。

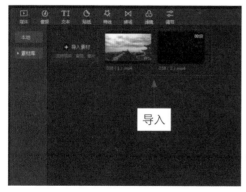

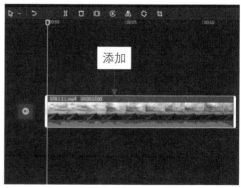

图5-49　导入视频素材　　　　　图5-50　添加视频素材

步骤 03 在"文本"功能区的"新建文本"选项卡中，单击"默认文本"添加按钮，如图5-51所示。

步骤 04 执行操作后，即可添加一个默认文本，如图5-52所示。

 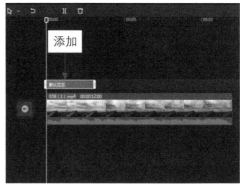

图5-51 单击"默认文本"中的添加按钮　　　图5-52 添加一个默认文本

步骤 05 在"编辑"操作区的文本框中，输入相应的文字内容，如图5-53所示。

步骤 06 在文本框下方，❶单击"颜色"右侧的下拉按钮；❷在弹出的色板中选择一个颜色色块，如图5-54所示。

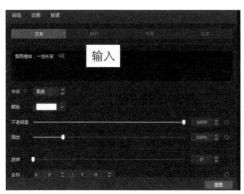 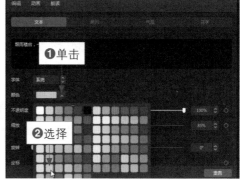

图5-53 输入相应的文字内容　　　图5-54 选择一个颜色色块

步骤 07 在预览窗口中，调整文字的大小和位置，如图5-55所示。

步骤 08 在"媒体"功能区中，选择粒子视频素材，如图5-56所示。

图5-55　调整文字的大小和位置

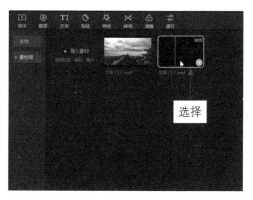

图5-56　选择粒子视频素材

步骤 09 按住鼠标左键，将粒子视频素材拖曳至画中画轨道中，释放鼠标左键即可添加粒子视频素材，如图5-57所示。

步骤 10 在"画面"操作区设置"混合模式"为"滤色"选项，如图5-58所示。

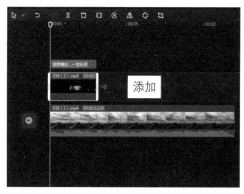

图5-57　添加粒子视频素材

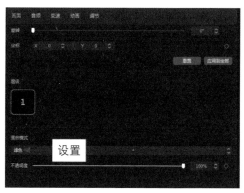

图5-58　设置"混合模式"

▶ **专家提醒**

　　本例中所用的粒子素材，用户可以去淘宝购买，或者到抖音上搜索粒子素材，将视频下载后剪辑使用。

步骤 11 在预览窗口中，拖曳粒子视频素材四周的控制柄，调整其大小和位置，如图5-59所示。

步骤 12 在轨道上选择文本，❶切换至"动画"操作区的"出场"选项卡中；

❷选择"溶解"选项；❸设置"动画时长"参数为2.3s，如图5-60所示。执行操作后，即可制作出片头文字溶解消散效果。

图5-59　调整粒子素材的大小和位置

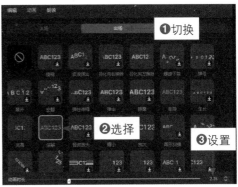

图5-60　设置"动画时长"参数

039　逐字显示：使用文本打字动画

在剪映中使用"打字机Ⅰ"或"打字机Ⅱ"动画效果，可以使添加的文字逐字显示在视频画面中。下面介绍在剪映中制作文本逐字显示效果的操作方法。

▶ 扫码看效果 ◀

▶ 扫码看教程 ◀

步骤 01　在剪映中导入视频素材，并通过拖曳的方式将其添加到视频轨道中，如图5-61所示。

步骤 02　❶切换至"文本"功能区的"新建文本"选项卡中；❷单击"默认文本"中的添加按钮➕，如图5-62所示。

步骤 03　执行操作后，即可在文本轨道中添加一个默认文本，如图5-63所示。

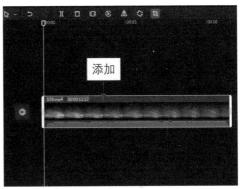

图5-61　添加视频素材

图5-62　单击"默认文本"中的添加按钮

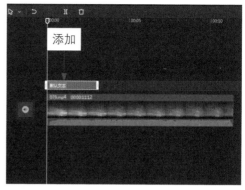

图5-63　添加一个默认文本

步骤 04　在"编辑"操作区的文本框中，输入相应的文字内容，如图5-64所示。

步骤 05　在"预设样式"选项区中，选择合适的预设样式，如图5-65所示。

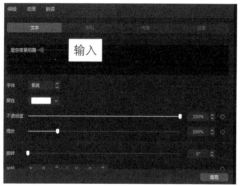

图5-64　输入相应的文字内容

图5-65　选择合适的预设样式

步骤 06　在预览窗口中适当调整文字的大小和位置，如图5-66所示。

步骤 07　❶切换至"动画"操作区的"入场"选项卡中；❷选择"打字机Ⅱ"动画；❸设置"动画时长"参数为3.0s，如图5-67所示。

图5-66　调整文字的大小和位置

步骤 08 执行操作后，在轨道上拖曳文本右侧的白色拉杆，调整文本时长与视频时长一致，即可制作出文本逐字显示效果，如图5-68所示。

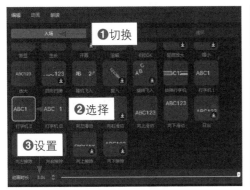

图5-67 设置"动画时长"参数

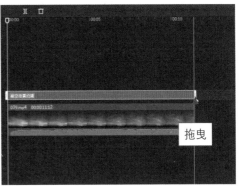

图5-68 调整文本时长

040 飞入文字：效果唯美简单易做

飞入文字主要是使用剪映的"识别字幕"功能和"随机飞入"动画制作而成。下面介绍使用剪映制作飞入文字的操作方法。

▶ 扫码看效果 ◀   ▶ 扫码看教程 ◀

步骤 01 在剪映中导入视频素材，并通过拖曳的方式将其添加到视频轨道中，如图5-69所示。

步骤 02 在"文本"功能区中，❶切换至"识别字幕"选项卡；❷单击"开始识别"按钮，如图5-70所示。

步骤 03 稍等片刻，即可自动生成对应的字幕，如图5-71所示。

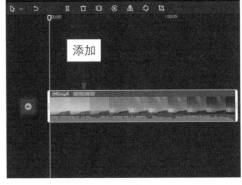

图5-69 添加视频素材

图5-70　单击"开始识别"按钮

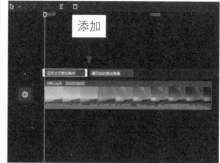

图5-71　生成对应的字幕

步骤 04　在"编辑"操作区的"文本"选项卡中，可以设置文字样式，❶切换
至"排列"选项卡；❷设置"对齐"方式为▓（垂直顶对齐），如图
5-72所示。

步骤 05　在预览窗口中适当调整文字的大小和位置，如图5-73所示。

图5-72　设置对齐方式

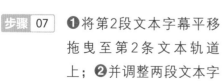

图5-73　调整文字的大小和位置

步骤 06　❶切换至"动画"操作区
的"入场"选项卡中；❷选
择"随机飞入"动画；
❸设置"动画时长"参数
为1.0s，如图5-74所示。

步骤 07　❶将第2段文本字幕平移
拖曳至第2条文本轨道
上；❷并调整两段文本字

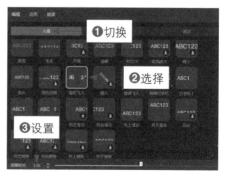

图5-74　设置"动画时长"参数（1）

幕的时长，如图5-75所示。

步骤 08 选择第2段文本字幕，❶切换至"排列"选项卡；❷取消选中"文本、排列、气泡、花字应用到全部识别字幕"复选框，如图5-76所示。

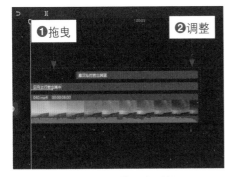

图5-75 调整文本时长　　　　图5-76 取消选中相应复选框

步骤 09 在预览窗口中调整文字的位置，如图5-77所示。

步骤 10 ❶切换至"动画"操作区的"入场"选项卡中；❷选择"随机飞入"动画；❸设置"动画时长"参数为1.5s，如图5-78所示。

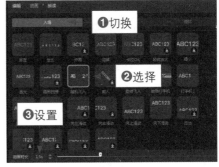

图5-77 调整文字的位置　　　　图5-78 设置"动画时长"参数（2）

▶ **专家提醒**

　　执行识别字幕操作后，系统会默认选中"文本、排列、气泡、花字应用到全部识别字幕"复选框，此时不论识别出来的字幕有多少，对其中一个字幕进行调整，其他字幕也会进行同步更改；当用户需要对字幕进行单独调整时，可在"文本"选项卡、"排列"选项卡、"气泡"选项卡以及"花字"选项卡中取消选中该文本框。

041 错开文字：歌词字幕新颖美观

错开文字是一种很有创意的字幕，适合用来制作歌词字幕，非常新颖美观。下面介绍使用剪映制作错开文字的具体操作方法。

▶ 扫码看效果 ◀　　▶ 扫码看教程 ◀

步骤 01 在剪映中导入视频素材，并通过拖曳的方式将其添加到视频轨道中，如图5-79所示。

步骤 02 ❶切换至"文本"功能区的"新建文本"选项卡中；❷单击"默认文本"中的添加按钮，如图5-80所示。

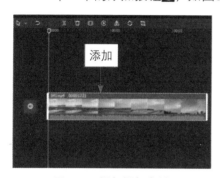
图5-79　添加视频素材

图5-80　单击"默认文本"中的添加按钮（1）

步骤 03 执行操作后，即可在文本轨道中添加一个默认文本，如图5-81所示。

步骤 04 在"编辑"操作区的文本框中，输入歌词的前3个字，如图5-82所示。

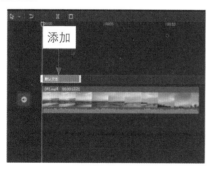
图5-81　添加一个默认文本

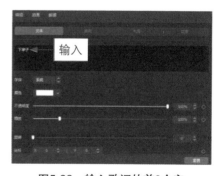
图5-82　输入歌词的前3个字

步骤 05 ❶切换至"花字"选项卡；❷选择一个花字样式，如图5-83所示。

步骤 06 复制文本并将其粘贴至第2条文本轨道上，如图5-84所示。

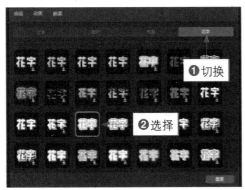

图5-83 选择一个花字样式

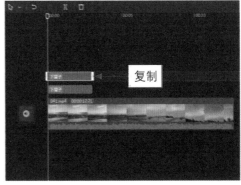

图5-84 复制并粘贴文本

步骤 07 切换至"编辑"操作区的"文本"选项卡中，在文本框中修改文本内容，如图5-85所示。

步骤 08 ❶切换至"文本"功能区的"新建文本"选项卡中；❷单击"默认文本"中的添加按钮 ，如图5-86所示。

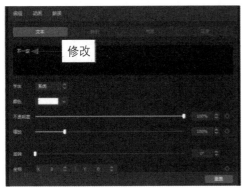

图5-85 修改文本内容

图5-86 单击"默认文本"中的添加按钮（2）

步骤 09 执行操作后，即可新增第3条文本轨道，并添加第3个文本，如图5-87所示。

步骤 10 ❶切换至"编辑"操作区的"文本"选项卡中；❷在文本框中输入剩

下的歌词内容，如图5-88所示。

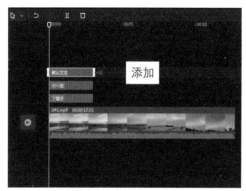

图5-87　添加第3个文本　　　　图5-88　输入剩下的歌词内容

步骤 11 ❶切换至"排列"选项卡；❷设置"对齐"方式为▤（右对齐），如图5-89所示。

步骤 12 ❶切换至"贴纸"功能区的"春"选项卡中；❷在需要的贴纸上单击添加按钮➕，如图5-90所示。

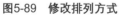
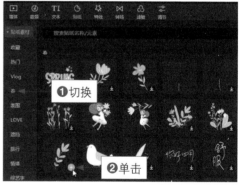

图5-89　修改排列方式　　　　图5-90　单击"春"贴纸上的添加按钮

步骤 13 执行操作后，即可将"春"贴纸添加到轨道上，如图5-91所示。

步骤 14 ❶切换至"贴纸"功能区的"界面"选项卡中；❷在音波跳动的贴纸上单击添加按钮➕，如图5-92所示。

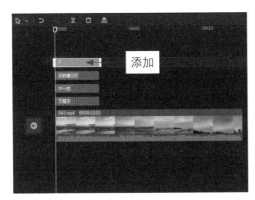

图5-91　添加"春"贴纸

图5-92　单击"界面"贴纸上的添加按钮

步骤 15　执行操作后，即可将"界面"贴纸添加到轨道上，如图5-93所示。

步骤 16　❶切换至"贴纸"功能区的"彩色线条"选项卡中；❷在耳机贴纸上单击添加按钮，如图5-94所示。

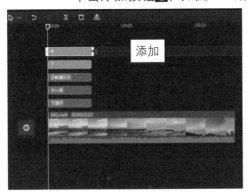

图5-93　添加"界面"贴纸

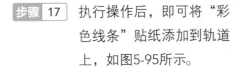

图5-94　单击添加按钮

步骤 17　执行操作后，即可将"彩色线条"贴纸添加到轨道上，如图5-95所示。

步骤 18　调整所有贴纸和文本字幕的时长与视频时长一致，如图5-96所示。

图5-95　添加"彩色线条"贴纸

步骤 19 在预览窗口中，调整文本字幕和贴纸的大小和位置，如图5-97所示。执行操作后，即可播放预览制作的错开文字效果。

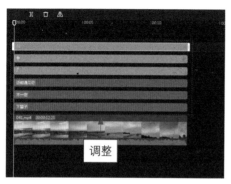

图5-96 调整贴纸与文本时长

图5-97 调整文本字幕和贴纸的大小和位置

▶ **专家提醒**

在预览窗口选中贴纸后，可以通过拖曳四周的控制柄调整文本大小，拖曳○按钮，便可以调整贴纸的旋转角度。除了在预览窗口中通过拖曳控制柄的方式调整贴纸的大小和位置外，用户也可以在轨道上选择要调整的贴纸，在"编辑"操作区中，调整缩放、旋转以及坐标的参数值，如图5-98所示。

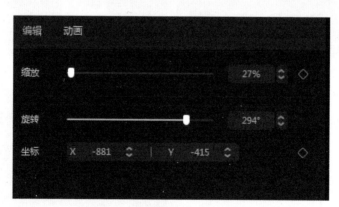

图5-98 贴纸"编辑"操作区展示

第 6 章

配乐卡点：
享受节奏上的动感魅力

音频是短视频中非常重要的元素，好的背景音乐或者语音旁白，能够让作品不费吹灰之力就上热门。本章主要介绍短视频的音频剪辑处理技巧和卡点视频的制作技巧，帮助大家快速学会处理后期音频。

042 添加音乐：提高视频视听感受

剪映Windows版拥有非常丰富的背景音乐曲库，而且进行了十分细致的分类，用户可以根据自己的视频内容或主题快速选择合适的背景音乐。下面介绍在剪映中为视频添加背景音乐的操作方法。

▶ 扫码看效果 ◀

▶ 扫码看教程 ◀

步骤 01 ❶在剪映中导入视频素材并将其添加到视频轨道中；❷单击"关闭原声"按钮将原声关闭，如图6-1所示。

步骤 02 ❶切换至"音频"功能区；❷单击"音乐素材"按钮，如图6-2所示。

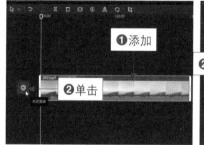

图6-1 关闭原声　　　　　图6-2 单击"音乐素材"按钮

步骤 03 在"音乐素材"选项卡中，❶选择相应的音乐类型，如"纯音乐"；❷在音乐列表中选择合适的背景音乐，即可进行试听，如图6-3所示。

步骤 04 单击音乐卡片中的添加按钮，即可将选择的音乐添加到音频轨道中，如图6-4所示。

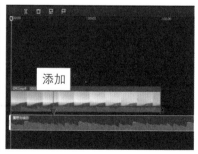

图6-3 试听背景音乐　　　　　图6-4 添加背景音乐

▶ **专家提醒**

　　用户如果看到喜欢的音乐，也可以点击☆图标，将其收藏起来，待下次剪辑视频时可以在"收藏"列表中快速选择该背景音乐。

步骤 05 ❶将时间指示器拖曳至视频结尾处；❷单击"分割"按钮，如图6-5所示。

步骤 06 ❶选择分割后多余的音频片段；❷单击"删除"按钮，如图6-6所示。执行操作后，即可删除多余的音频片段，在预览窗口中播放预览视频效果。

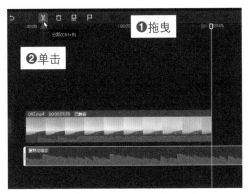

图6-5　单击"分割"按钮

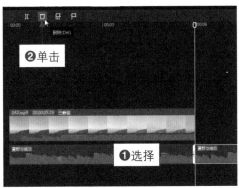

图6-6　单击"删除"按钮

043 添加音效：增强画面场景气氛

　　剪映中提供了很多有趣的音频特效，如综艺、笑声、机械、人声、转场、游戏、魔法、打斗、美食、动物、环境音、手机、悬疑以及乐器等类型，用户可以根据短视频的情境来增加音效。下面介绍在剪映中添加音效的操作方法。

▶ 扫码看效果 ◀

▶ 扫码看教程 ◀

步骤 01 在剪映中导入视频素材并将其添加到视频轨道中，如图6-7所示。

步骤 02 单击"音频"按钮，切换至"音频"功能区，如图6-8所示。

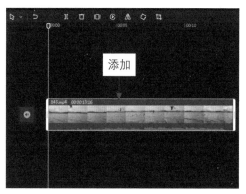

图6-7 添加视频素材

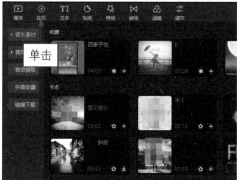

图6-8 单击"音频"按钮

步骤 03 单击"音效素材"按钮，切换至"音效素材"选项卡，如图6-9所示。

步骤 04 ❶选择相应的音效类型，如"动物"；❷在音效列表中选择"海鸥的叫声"选项，即可进行试听，如图6-10所示。

图6-9 切换至"音效素材"选项卡

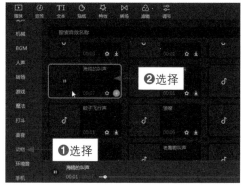

图6-10 选择"海鸥的叫声"选项

步骤 05 单击音效卡片中的添加按钮➕，即可将其添加到音频轨道中，如图6-11所示。

步骤 06 ❶将时间指示器拖曳至视频结尾处；❷单击"分割"按钮🔲，如图6-12所示。

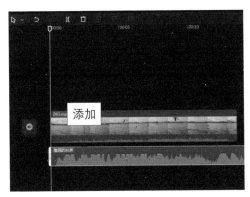
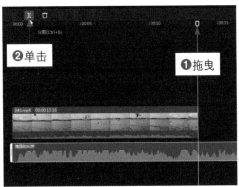

图6-11 添加背景音效　　　　　　图6-12 单击"分割"按钮

步骤 07 ❶选择分割后多余的音效片段；❷单击"删除"按钮🗑，如图6-13所示。执行操作后，即可删除多余的音效片段，播放视频效果，添加音效可以让画面更有感染力。

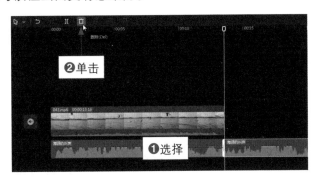

图6-13 单击"删除"按钮

044　提取音频：快速添加背景音乐

　　如果用户看到其他背景音乐好听的视频，也可以将其保存到电脑中，并通过剪映来提取视频中的背景音乐，将其用到自己的视频中。下面介绍使用剪映从视频文件中提取背景音乐的操作方法。

▶ 扫码看效果 ◀

▶ 扫码看教程 ◀

步骤 01 在剪映中导入视频素材并将其添加到视频轨道中，如图6-14所示。

步骤 02 ❶切换至"音频"功能区中的"音频提取"选项卡；❷单击"导入素材"按钮，如图6-15所示。

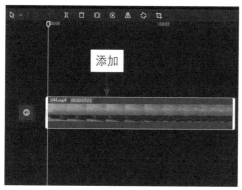

图6-14 添加视频素材

图6-15 单击"导入素材"按钮

步骤 03 ❶在弹出的"请选择媒体资源"对话框中选择相应的视频素材；❷单击"打开"按钮，如图6-16所示。

步骤 04 执行操作后，即可在"音频"功能区中导入并提取音频文件，单击添加按钮■，如图6-17所示。

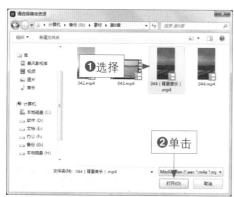
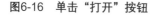

图6-16 单击"打开"按钮

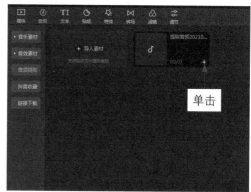

图6-17 单击添加按钮

步骤 05 执行上述操作后，即可将"音频"功能区提取的音频文件添加到音频轨道中，如图6-18所示。

步骤 06 此处添加的音频素材比视频素材的时长要长，拖曳音频素材右侧的白色拉杆，将其时长调整到与视频同长，如图6-19所示。

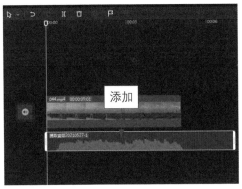 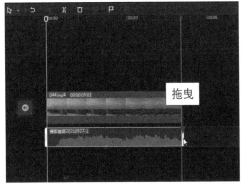

图6-18　添加到音频轨道中　　　　图6-19　调整音频轨道的时长

▶ **专家提醒**

在制作本书后面的视频实例时，大家也可以采用从提供的效果视频文件中直接提取音乐的方法，快速给视频素材添加背景音乐。

步骤 07 选择视频素材，在"音频"操作区中，拖曳"音量"滑块至最左端，将其调整为静音，如图6-20所示。

步骤 08 选择音频素材，在"音频"操作区中，拖曳"音量"滑块至最右端，将音量调整为最大，如图6-21所示。执行操作后，视频的原声即可被消除，取而代之的是从其他视频中提取的背景音乐。

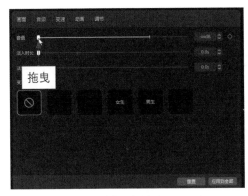 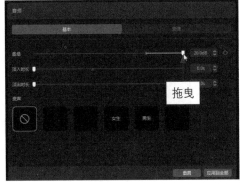

图6-20　调整视频的音量（1）　　　　图6-21　调整音频的音量（2）

045 剪辑音频：选取音频高潮部分

　　使用剪映可以非常方便地对音频进行剪辑处理，选取其中的高潮部分，让短视频更能打动人心。下面介绍使用剪映剪辑音频的操作方法。

▶ 扫码看效果 ◀　　▶ 扫码看教程 ◀

步骤 01 在剪映中导入视频素材并将其添加到视频轨道中，如图6-22所示。

步骤 02 单击"音频"按钮打开曲库，在音频轨道上添加一首合适的背景音乐，如图6-23所示。

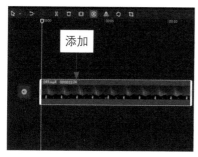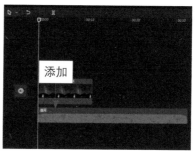

图6-22　添加视频素材　　　　图6-23　添加背景音乐

步骤 03 在音频轨道中选择音频素材，如图6-24所示。

步骤 04 按住音频素材左侧的白色拉杆并向右拖曳，如图6-25所示。

图6-24　选择音频素材　　　　图6-25　拖曳音频左侧的白色拉杆

步骤 05 将音频素材拖曳至起始位置处，如图6-26所示。

步骤 06 按住音频素材右侧的白色拉杆，并向左拖曳至视频轨道的结束位置处，如图6-27所示。执行操作后，即可完成音频素材的剪辑。

图6-26　拖曳音频素材　　　　　图6-27　拖曳音频右侧的白色拉杆

046　淡入淡出：让音乐不那么突兀

为音频设置淡入淡出效果后，可以让短视频的背景音乐显得不那么突兀，给观众带来更加舒适的视听感。下面介绍使用剪映制作音乐淡入淡出效果的操作方法。

▶ 扫码看效果 ◀　　▶ 扫码看教程 ◀

步骤 01 在剪映中导入视频素材并将其添加到视频轨道中，如图6-28所示。

步骤 02 单击"音频"按钮打开曲库，选择一首合适的背景音乐，并将其添加至音频轨道上，如图6-29所示。

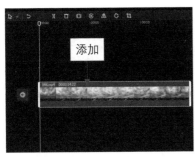
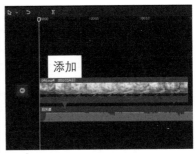

图6-28　添加视频素材　　　　　图6-29　添加背景音乐

步骤 03 在音频轨道中，对音频素材进行适当的剪辑，使其播放时长与视频时长相同，如图6-30所示。

步骤 04 选择音频素材，在"音频"操作区中设置"淡入时长"为0.5s、"淡出时长"为1.0s，如图6-31所示。执行操作后，即可制作背景音乐的淡入淡出效果。

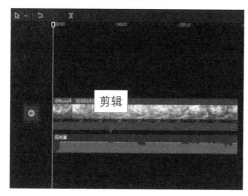

图6-30 剪辑音频素材

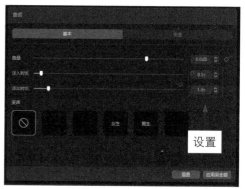

图6-31 设置音频淡入淡出效果

▶ **专家提醒**

淡入是指背景音乐从响起开始，声音会缓缓变大；淡出则是指背景音乐即将结束的时候，声音会渐渐消失。在"变速"选项卡中，还可以对音频的播放速度进行放慢或加快等变速处理，从而制作出一些特殊的背景音乐效果。

047 手动踩点：画面的节奏感强烈

卡点视频最重要的就是对音乐节奏的把控，在剪映中应用"手动踩点"功能，可以制作出节奏感非常强烈的卡点视频。下面介绍使用剪映的"手动踩点"功能，制作卡点视频的操作方法。

▶ 扫码看效果 ◀

▶ 扫码看教程 ◀

步骤 01 在剪映中导入多个素材文件，将其分别添加到视频轨道和音频轨道中，如图6-32所示。

步骤 02 ❶选择音频素材；❷拖曳时间指示器至音乐鼓点的位置处；❸单击"手动踩点"按钮🚩，如图6-33所示。

步骤 03 执行操作后，即可添加一个黄色的节拍点，如图6-34所示。

步骤 04 使用同样的操作方法，在其他的音乐鼓点处添加黄色的节拍点，如图6-35所示。

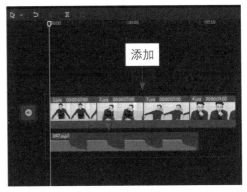

图6-32 添加素材文件

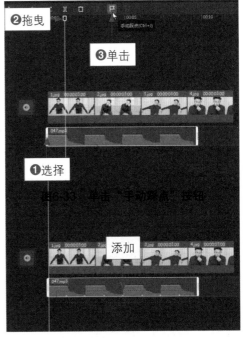

图6-33 单击"手动踩点"按钮

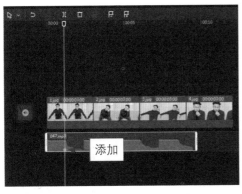

图6-34 添加一个黄色的节拍点

图6-35 添加其他的节拍点

步骤 05 在视频轨道中，选择第1个素材文件，拖曳其右侧的白色拉杆，使其长度对准音频轨道中的第2个节拍点，如图6-36所示。

步骤 06 使用同样的操作方法，调整后面的素材文件时长，使其与相应的节拍点对齐，如图6-37所示。

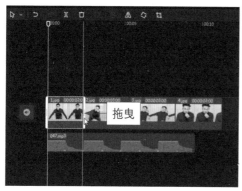

图6-36 调整素材的时长

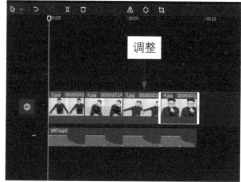

图6-37 调整后面的素材文件时长

步骤 07 选择第1个素材文件，❶切换至"画面"操作区的"基础"选项卡；❷设置"缩放"参数为100%；❸单击"缩放"右侧的"添加关键帧"按钮■，如图6-38所示。

步骤 08 执行操作后，❶即可在第1个素材的开始位置处添加一个关键帧；❷拖曳时间指示器至第1个素材的结束位置，如图6-39所示。

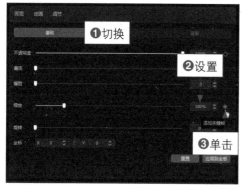

图6-38 单击"添加关键帧"按钮

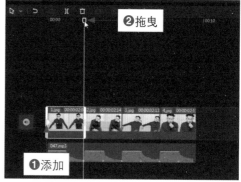

图6-39 拖曳时间指示器（1）

▶专家提醒

添加音乐节拍点后，建议用户再从头听一遍是否能够对应音乐鼓点，如果不对应，可以通过两种方法删除节拍点。

第一种是单个删除节拍点。将时间指示器拖曳至黄色节拍点的位置，在面板上方单击"删除踩点"按钮，即可将时间指示器位置处的节拍点删除。

第二种是将音频素材上的节拍点全部删除。选择音频轨道上的音频素材，在面板上方单击"清空踩点"按钮，即可删除全部的节拍点。

| 步骤 09 | ❶切换至"画面"操作区的"基础"选项卡；❷设置"缩放"参数为110%，如图6-40所示。 |

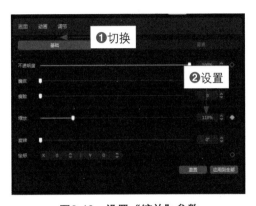

图6-40　设置"缩放"参数

| 步骤 10 | 此时关键帧会自动点亮，表示在素材上已自动添加一个关键帧，效果如图6-41所示。 |

| 步骤 11 | 用上述同样的方法，为其他素材添加缩放关键帧，拖曳时间指示器至第1个音频节拍点的位置处，如图6-42所示。 |

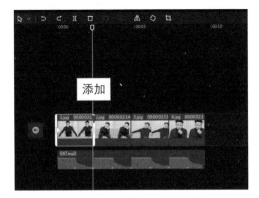

图6-41　自动添加一个关键帧

| 步骤 12 | ❶切换至"滤镜"功能区的"质感"选项卡中；❷单击"自然"滤镜中的添加按钮，效果如图6-43所示。 |

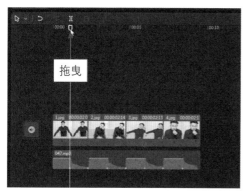

图6-42　拖曳时间指示器（2）

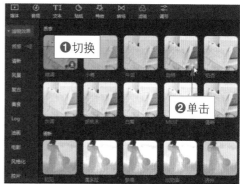

图6-43　单击添加按钮

步骤 13 执行操作后，即可在时间指示器的位置处添加一个"自然"滤镜，如图6-44所示。

步骤 14 拖曳滤镜右侧的白色拉杆调整其时长，如图6-45所示。

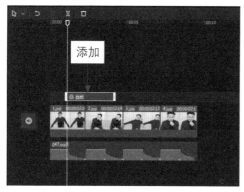

图6-44　添加一个"自然"滤镜

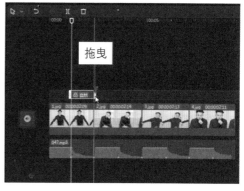

图6-45　调整滤镜时长

步骤 15 执行操作后，复制"自然"滤镜，在第3个音频节拍点、第5个音频节拍点以及第7个音频节拍点的位置粘贴该滤镜，如图6-46所示。

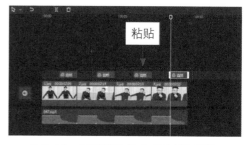

图6-46　复制粘贴多个"自然"滤镜

048　甩入卡点：动感炫酷具有创意

使用剪映的"手动踩点"功能和"雨刷"动画效果可以制作出动感炫酷的甩入卡点视频。下面介绍使用剪映制作甩入卡点视频效果的操作方法。

▶ 扫码看效果 ◀　　▶ 扫码看教程 ◀

步骤 01　在剪映中导入多个素材文件，将其分别添加到视频轨道和音频轨道中，如图6-47所示。

步骤 02　❶选择音频素材；❷拖曳时间指示器至音乐鼓点的位置处；❸单击"手动踩点"按钮，如图6-48所示。

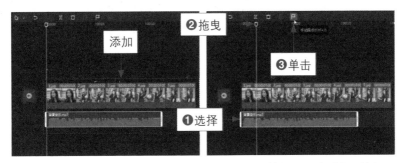

图6-47　添加素材文件　　　图6-48　单击"手动踩点"按钮

步骤 03　执行操作后，即可添加一个黄色的节拍点，如图6-49所示。

步骤 04　使用同样的操作方法，在其他的音乐鼓点处添加黄色的节拍点，如图6-50所示。

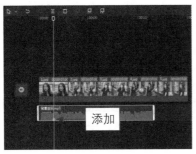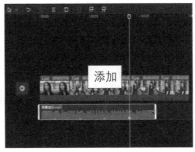

图6-49　添加一个黄色的节拍点　　　图6-50　添加其他的节拍点

步骤 05 在视频轨道中，选择第1个素材文件，拖曳其右侧的白色拉杆，使其长度对准音频轨道中的第1个节拍点，如图6-51所示。

步骤 06 使用同样的操作方法，调整后面的素材文件时长，使其与相应的节拍点对齐，如图6-52所示。

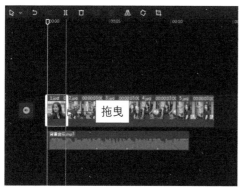

图6-51　调整素材的时长

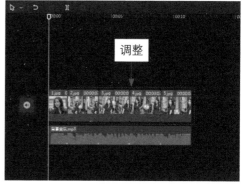

图6-52　调整后面的素材文件时长

步骤 07 选择第2个素材文件，❶切换至"动画"操作区；❷在"入场"选项卡中选择"雨刷"选项，如图6-53所示。

步骤 08 使用同样的操作方法，为后面的素材文件添加"雨刷"入场动画效果，视频轨道中会显示相应的动画标记，如图6-54所示。

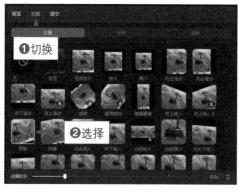

图6-53　选择"雨刷"选项

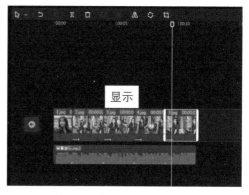

图6-54　添加入场动画效果

步骤 09 拖曳时间指示器至起始位置，如图6-55所示。

步骤 10 ❶切换至"特效"功能区；❷在"基础"选项卡中单击"变清晰"特
效中的添加按钮🔼，如图6-56所示。

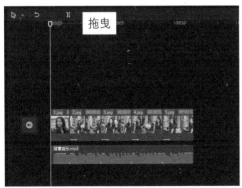

图6-55 拖曳时间指示器

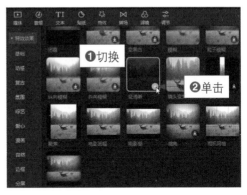

图6-56 单击"变清晰"中的添加按钮

步骤 11 执行操作后，即可添加一个"变清晰"特效，将特效时长调整为与第
1个素材文件一致，如图6-57所示。

步骤 12 在"特效"功能区中，❶切换至"氛围"选项卡；❷选择"星火炸
开"选项，如图6-58所示。

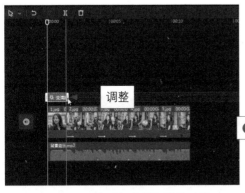

图6-57 调整"变清晰"特效时长

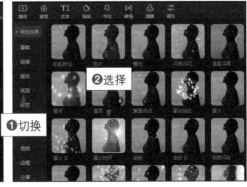

图6-58 选择"星火炸开"选项

步骤 13 单击添加按钮🔼，在第2个素材文件的上方添加一个时长一致的"星
火炸开"特效，如图6-59所示。

步骤 14 复制"星火炸开"特效，将其粘贴到其他的素材文件上方，并适当调

整时长，如图6-60所示。执行操作后，即可播放视频，查看制作的甩入卡点视频。

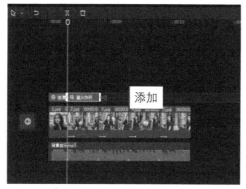 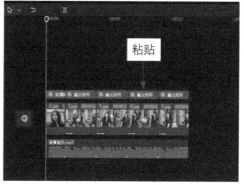

图6-59　添加"星火炸开"特效　　图6-60　粘贴并调整"星火炸开"特效

049　多屏卡点：一屏变成多屏效果

多屏卡点视频效果的制作，主要使用剪映的"自动踩点"功能和"分屏"特效，实现一个视频画面根据节拍点自动分出多个相同的视频画面。下面介绍使用剪映制作多屏卡点视频的操作方法。

▶ 扫码看效果 ◀　　▶ 扫码看教程 ◀

步骤 01　❶在剪映中导入视频素材并将其添加到视频轨道中；❷在音频轨道中添加一首合适的卡点背景音乐，如图6-61所示。

步骤 02　❶选择音频素材；❷单击"自动踩点"按钮 ；❸在弹出的列表框中选择"踩节拍Ⅰ"选项，添加节拍点，如图6-62所示。

步骤 03　将时间指示器拖曳至第2

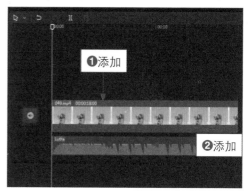

图6-61　添加素材文件

个节拍点上，❶切换至"特效"功能区；❷展开"分屏"选项卡；❸单击"两屏"特效中的添加按钮➕，图6-63所示。

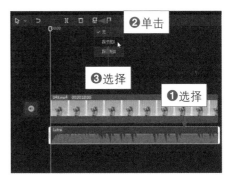

图6-62　选择"踩节拍Ⅰ"选项

步骤 04　执行操作后，即可在轨道上添加"两屏"特效，适当调整特效的时长，使其刚好卡在第2个和第3个节拍点之间，如图6-64所示。

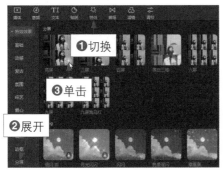

图6-63　单击"两屏"特效中的添加按钮

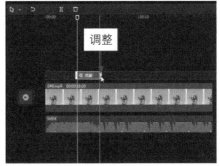

图6-64　调整"两屏"特效的时长

步骤 05　使用同样的操作方法，在第3个和第4个节拍点之间，添加"三屏"特效，如图6-65所示。

步骤 06　在第4个和第5个节拍点之间，添加"四屏"特效，如图6-66所示。

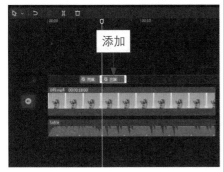

图6-65　添加"三屏"特效

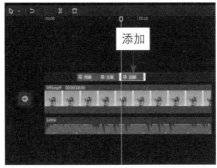

图6-66　添加"四屏"特效

步骤 07 在第5个和第6个节拍点之间，添加"六屏"特效，如图6-67所示。

步骤 08 ❶在第6个和第7个节拍点之间，添加"九屏"特效；❷在最后两个节拍点之间，添加"九屏跑马灯"特效，如图6-68所示。执行操作后，即可播放预览视频，查看制作的多屏卡点效果。

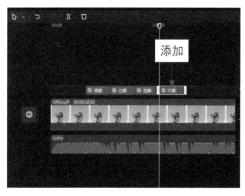

图6-67 添加"六屏"特效

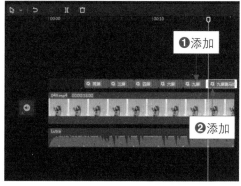

图6-68 添加相应的分屏特效

▶ 专家提醒

"九屏跑马灯"特效非常有趣，当其中一个屏亮的时候，其他屏都是黑白色的。

050 旋转卡点：旋转立体三维动画

旋转卡点视频主要使用剪映的"自动踩点"功能、"镜面"蒙版和"立方体"动画，制作出充满三维立体感的短视频画面。下面介绍使用剪映制作旋转卡点视频效果的操作方法。

▶ 扫码看效果 ◀

▶ 扫码看教程 ◀

步骤 01 导入多个素材文件，将其添加到视频轨中并添加合适的音乐，如图6-69所示。

步骤 02 在"播放器"面板中，❶设置预览窗口的画布比例为9：16；❷调整视频画布的尺寸，如图6-70所示。

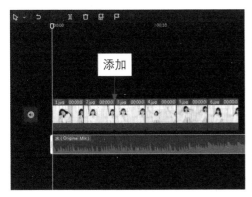

图6-69 添加素材文件　　　　　　图6-70 调整视频画布的尺寸

步骤 03 在视频轨道中，选择第1个素材文件，如图6-71所示。

步骤 04 在"画面"操作区中，❶切换至"背景"选项卡；❷在"模糊"选项区中选择相应的模糊程度；❸单击"应用到全部"按钮，如图6-72所示。

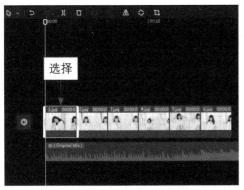
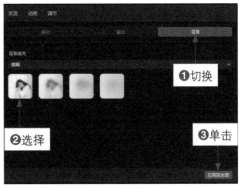

图6-71 选择第1个素材文件　　　　　　图6-72 单击"应用到全部"按钮

步骤 05 ❶选择音频轨道中的素材；❷单击"自动踩点"按钮圖；❸在弹出的列表框中选择"踩节拍Ⅰ"选项，如图6-73所示。

步骤 06 执行操作后，❶即可在音频上添加黄色的节拍点；❷拖曳第1个素材文件右侧的白色拉杆，使其长度对准音频上的第2个节拍点，如图6-74所示。

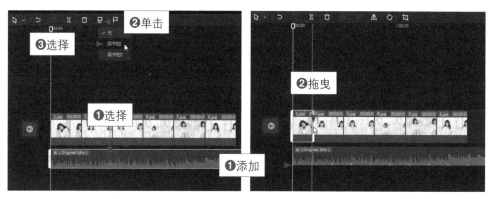

图6-73 选择"踩节拍Ⅰ"选项 　　　　图6-74 调整素材的时长

步骤 07 使用同样的操作方法，调整后面的素材文件时长，使其与相应的节拍点对齐，并剪掉多余的背景音乐，如图6-75所示。

步骤 08 选择第1个视频素材，❶切换至"画面"操作区的"蒙版"选项卡中；❷选择"镜面"蒙版，如图6-76所示。

步骤 09 ❶在预览窗口中旋转蒙版；❷将羽化 ⊙ 调整到最大，如图6-77所示。

步骤 10 ❶切换至"动画"操作区；❷在"组合"选项卡中选择"立方体"选项，添加动画效果，如图6-78所示。

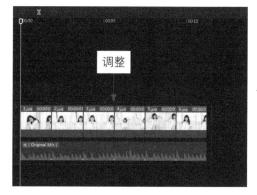

图6-75 调整其他素材的时长

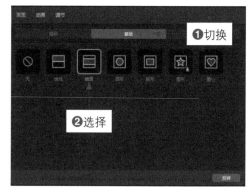

图6-76 选择"镜面"蒙版

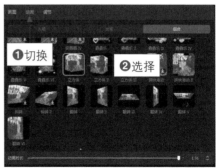

图6-77　调整蒙版　　　　　　　图6-78　选择"立方体"选项

步骤 11　❶切换至"特效"功能区；❷在"动感"选项卡中选择"霓虹灯"选项，可以为视频添加边框特效，如图6-79所示。

步骤 12　单击添加按钮➕，在轨道上添加一个"霓虹灯"特效，并调整特效时长，如图6-80所示。用上述同样的操作方法，为其余的素材添加蒙版和动画效果，即可在预览窗口中播放视频，查看制作的视频效果。

图6-79　选择"霓虹灯"选项　　　　图6-80　调整"霓虹灯"特效时长

051　渐变卡点：逐渐显示画面色彩

渐变卡点视频是短视频卡点类型中比较热门的一种，视频画面会随着音乐的节奏点从黑白色渐变为有颜色的画面，主要使用剪映的"自动踩点"功能和"变彩色"特效，制作出色彩渐变卡点短视频。下面介绍使用

▶ 扫码看效果 ◀

▶ 扫码看教程 ◀

剪映制作渐变卡点视频效果的操作方法。

步骤 01 导入多个素材文件，将其添加到视频轨道中，如图6-81所示。

步骤 02 在音频轨道中添加一首合适的背景音乐，如图6-82所示。

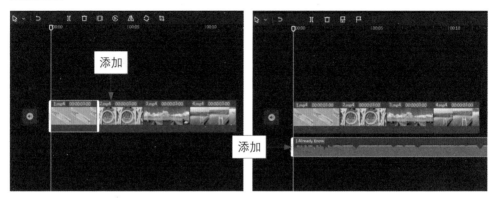

图6-81 添加素材文件　　　　　　　图6-82 添加背景音乐

步骤 03 ❶选择音频轨道中的素材；❷单击"自动踩点"按钮圖；❸在弹出的列表框中选择"踩节拍Ⅰ"选项，如图6-83所示。

步骤 04 执行操作后，❶即可在音频上添加黄色的节拍点；❷拖曳第1个素材文件右侧的白色拉杆，使其长度对准音频上的第2个节拍点，如图6-84所示。

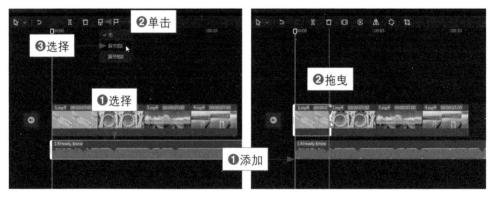

图6-83 选择"踩节拍Ⅰ"选项　　　　图6-84 调整素材的时长

步骤 05 使用同样的操作方法，调整后面的素材文件时长，使其与相应的节拍点对齐，并剪掉多余的背景音乐，如图6-85所示。

步骤 06 将时间指示器拖曳至开始位置处，❶切换至"特效"功能区；❷在"基础"选项卡中单击"变彩色"特效中的添加按钮➕，如图6-86所示。

图6-85　调整其他素材的时长

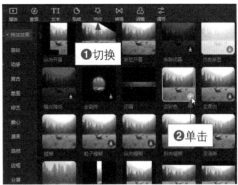

图6-86　单击"变彩色"特效中的添加按钮

步骤 07 执行操作后，即可在轨道上添加"变彩色"特效，如图6-87所示。

步骤 08 拖曳特效右侧的白色拉杆，调整特效时长与第1段视频时长一致，如图6-88所示。

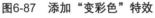

图6-87　添加"变彩色"特效

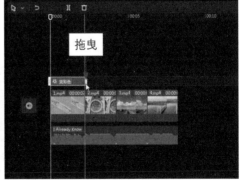

图6-88　调整特效时长

步骤 09 通过复制粘贴的方式，在其他3个视频的上方添加与视频同长的"变彩色"特效，如图6-89所示。执行上述操作后，即可在预览窗口中查看渐变卡点视频效果。

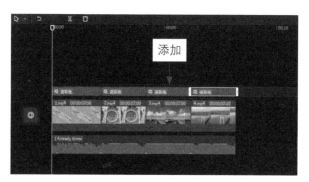

图6-89　添加多个"变彩色"特效

052　片头卡点：三屏斜切飞入卡点

运用剪映的"蒙版"功能和"向左上甩入"视频动画功能，可以制作三屏斜切飞入的动感开场片头。下面介绍在剪映中制作片头卡点视频的操作方法。

▶ 扫码看效果 ◀　　▶ 扫码看教程 ◀

步骤 01 在"媒体"功能区的"本地"选项卡中，单击"导入素材"按钮，如图6-90所示。

步骤 02 弹出"请选择媒体资源"对话框，❶在其中选择需要导入的视频和音频素材；❷单击"打开"按钮，如图6-91所示。

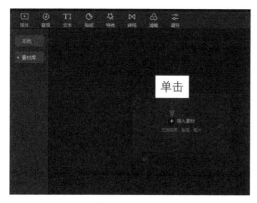

图6-90　单击"导入素材"按钮

图6-91　单击"打开"按钮

步骤 03 执行操作后，即可导入选择的素材，如图6-92所示。

步骤 04 将音频素材添加到音频轨道上，如图6-93所示。

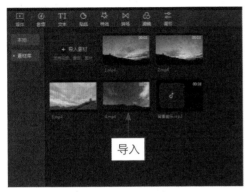

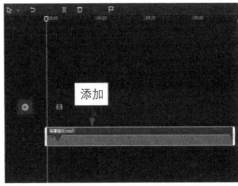

图6-92　导入素材文件　　　　　　　图6-93　添加音频素材

步骤 05 ❶拖曳时间指示器至00：00：05：00的位置处；❷单击"分割"按钮，如图6-94所示。

步骤 06 ❶拖曳分割的后一段音频；❷单击"删除"按钮，如图6-95所示。

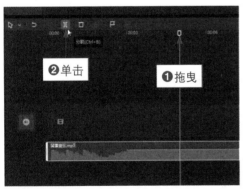

图6-94　单击"分割"按钮　　　　　　图6-95　单击"删除"按钮

步骤 07 选择音频素材，❶切换至"音频"操作区的"基本"选项卡中；❷设置"淡出时长"参数为0.2s，如图6-96所示。

步骤 08 ❶将时间指示器拖曳至合适位置；❷单击"手动踩点"按钮，如图6-97所示。

图6-96 设置"淡出时长"参数

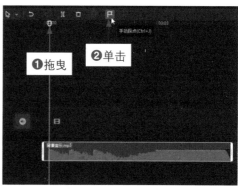

图6-97 单击"手动踩点"按钮

步骤 09 执行操作后，即可在音频素材上添加一个节拍点，如图6-98所示。

步骤 10 用上述同样的方法，再次添加两个节拍点，如图6-99所示。

步骤 11 将时间指示器拖曳至开始位置处，❶切换至"媒体"功能区；❷展开"素

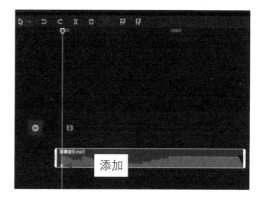

图6-98 添加一个节拍点

材库"选项卡；❸在"黑白场"选项区中单击黑场素材中的添加按钮，如图6-100所示。

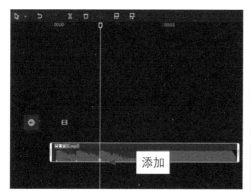

图6-99 再次添加两个节拍点

图6-100 单击黑场素材中的添加按钮

步骤 12 将黑场素材添加至视频轨道中，如图6-101所示。

步骤 13 在"媒体"功能区的"本地"选项卡中，选择第1个视频素材，如图6-102所示。

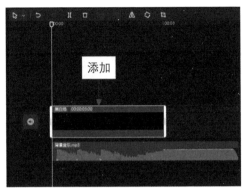

图6-101 添加黑场素材

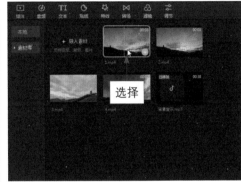

图6-102 选择第1个视频素材

步骤 14 按住鼠标左键，将第1个视频素材拖曳至画中画轨道中，并使其开始位置对齐音频上的第1个节拍点，如图6-103所示。

步骤 15 用上述同样的方法，将第2个视频和第3个视频分别拖曳至画中画轨道上，并依次对齐音频上的节拍点，如图6-104所示。

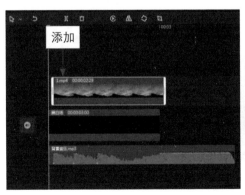

图6-103 添加第1个视频素材

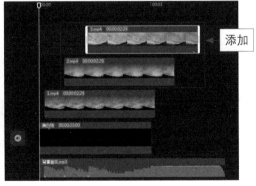

图6-104 添加另外两个视频素材

步骤 16 执行操作后，调整画中画轨道上素材的时长，使素材结束位置与视频轨道中的黑场素材一致，如图6-105所示。

步骤 17 用拖曳的方式，将"媒体"功能区中的第4个视频素材，添加到视频轨道中黑场素材的后面，如图6-106所示。

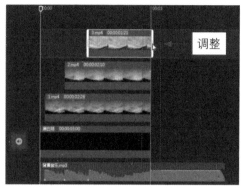
图6-105　调整素材时长

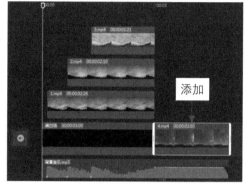
图6-106　添加第4个视频素材

步骤 18 选择第1条画中画轨道中的视频素材，❶切换至"画面"操作区的"蒙版"选项卡中；❷选择"镜面"蒙版，如图6-107所示。

步骤 19 在预览窗口中，调整蒙版的大小、位置和角度，如图6-108所示。

图6-107　选择"镜面"蒙版

图6-108　调整蒙版的大小、位置和角度

步骤 20 选择第2条画中画轨道中的视频素材，添加"镜面"蒙版效果，在预览窗口中，调整蒙版的大小、位置和角度，如图6-109所示。

步骤 21 选择第3条画中画轨道中的视频素材，添加"镜面"蒙版效果，在预览窗口中，调整蒙版的大小、位置和角度，如图6-110所示。

图6-109　调整第2个视频的蒙版效果　　　　图6-110　调整第3个视频的蒙版效果

步骤 22 选择第1条画中画轨道中的视频素材，❶切换至"动画"操作区的"入场"选项卡；❷选择"向左上甩入"选项，添加动画效果，如图6-111所示。

步骤 23 使用相同的操作方法，为画中画轨道中的另外两个视频添加"向左上甩入"入场动画，如图6-112所示。执行操作后，即可查看片头卡点视频效果。

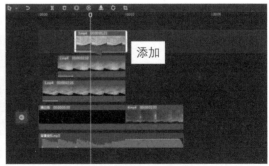

图6-111　选择"向左上甩入"选项　　　　图6-112　添加入场动画效果

第7章

蒙版合成：
呈现出创意十足的画面

在抖音上经常可以刷到各种有趣又热门的蒙版合成创意视频，画面炫酷又神奇，虽然看起来很难，但只要掌握了本章技巧，相信你也能轻松做出相同的视频效果。希望大家举一反三，在案例学习中获取实用的方法和技巧。

053 矩形蒙版：遮挡视频中的水印

当要用来剪辑的视频中有水印时，可以通过剪映的"模糊"特效和"矩形"蒙版，遮挡视频中的水印。下面介绍在剪映中遮挡视频水印的操作方法。

▶ 扫码看效果 ◀   ▶ 扫码看教程 ◀

步骤 01 在剪映中导入视频素材并将其添加到视频轨道中，如图7-1所示。

步骤 02 ❶切换至"特效"功能区；❷在"基础"选项卡中单击"模糊"特效中的添加按钮，如图7-2所示。

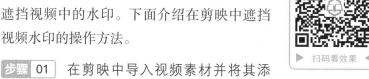

图7-1　添加视频素材　　　　图7-2　单击"模糊"特效中的添加按钮

步骤 03 执行操作后，即可在视频上方添加一个"模糊"特效，拖曳特效右侧的白色拉杆，调整其时长与视频一致，如图7-3所示。

步骤 04 在界面上方单击"导出"按钮，如图7-4所示。

步骤 05 弹出"导出"对话框，

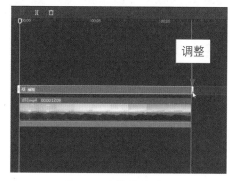

图7-3　调整特效时长

❶在其中设置导出视频的名称、位置以及相关参数；❷单击"导出"按钮，如图7-5所示。

图7-4 单击"导出"按钮　　　　　图7-5 单击"导出"按钮

步骤 06 稍等片刻，待导出完成后，❶选择特效；❷单击"删除"按钮，如图7-6所示。

步骤 07 在"媒体"功能区中，将前面导出的模糊效果视频再次导入"本地"选项卡，如图7-7所示。

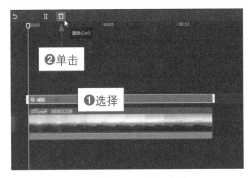

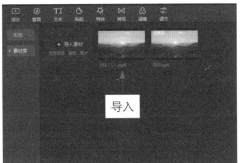

图7-6 单击"删除"按钮　　　　　图7-7 导入效果视频

步骤 08 通过拖曳的方式，将效果视频添加至画中画轨道中，如图7-8所示。

步骤 09 在"画面"操作区中，❶切换至"蒙版"选项卡；❷选择"矩形"蒙版，如图7-9所示。

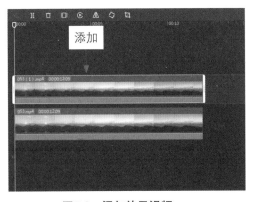

图7-8 添加效果视频

步骤 10 在预览窗口中可以看到矩形蒙版中显示的画面是模糊的，蒙版外的画
面是清晰的，如图7-10所示。

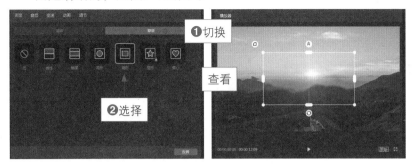

图7-9 选择"矩形"蒙版   图7-10 查看添加的矩形蒙版

步骤 11 拖曳蒙版四周的控制柄，调整蒙版的大小、角度，并将其拖曳至画面
左下角的水印上，如图7-11所示。

步骤 12 在轨道中单击空白位置处，预览窗口中蒙版的虚线框将会隐藏起来，
此时可以查看水印是否已被蒙版遮住，如图7-12所示。

图7-11 调整蒙版大小、角度和位置版   图7-12 查看水印是否被遮住

054 蒙版拼图：分屏显示多个视频

在抖音上，经常可以看到多个视频以不规则的形式同时展现在屏幕中，就像拼图一样分屏显示视频。在剪映中应用"贴纸"功能和"线性"蒙版即可做出这样视频的效果。下面介绍在剪映中制作蒙版拼图的操作方法。

▶ 扫码看效果 ◀

▶ 扫码看教程 ◀

步骤 01 在剪映中导入视频素材，如图7-13所示。

步骤 02 将视频素材依次添加至视频轨道和画中画轨道上，如图7-14所示。

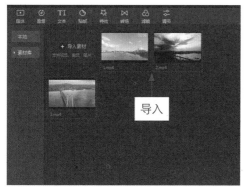

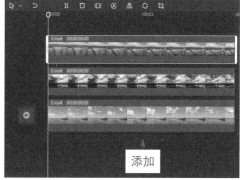

图7-13 导入视频素材 图7-14 添加视频素材

步骤 03 在"播放器"面板中，❶设置预览窗口的画布比例为9∶16；❷并适当调整3个视频的位置，如图7-15所示。

步骤 04 ❶切换至"贴纸"功能区；❷展开"边框"选项卡；❸在需要的贴纸上单击添加按钮，如图7-16所示。

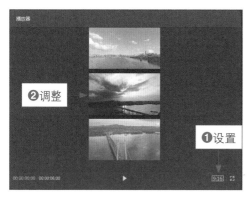

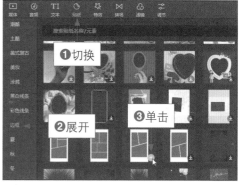

图7-15 设置画布比例 图7-16 单击添加按钮

步骤 05 执行操作后，即可添加一个边框贴纸，如图7-17所示。

步骤 06 拖曳贴纸右侧的白色拉杆，调整贴纸的时长与视频时长一致，如图7-18所示。

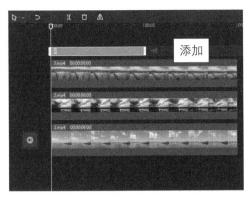

图7-17　添加一个边框贴纸

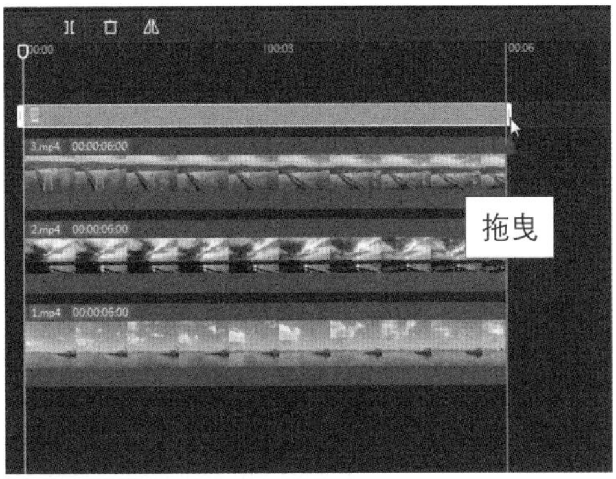

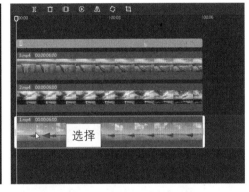

图7-18　调整贴纸时长

步骤 07 在预览窗口中，调整贴纸的大小和位置，如图7-19所示。

步骤 08 在视频轨道中，选择1.mp4视频素材，如图7-20所示。

图7-19　调整贴纸的大小和位置

图7-20　选择视频轨道中的素材

步骤 09 在预览窗口中，拖曳1.mp4视频素材四周的控制柄，调整素材的大小和位置，使其刚好填充贴纸左上角的空白，如图7-21所示。

步骤 10 在画中画轨道中选择2.mp4视频素材，在预览窗口中，拖曳2.mp4视频素材

图7-21　调整1.mp4素材的大小和位置

四周的控制柄，调整素材的大小和位置，使其刚好填充贴纸右上角的空白，如图7-22所示。

图7-22　调整2.mp4素材的大小和位置

步骤 11 ❶切换至"画面"操作区的"蒙版"选项卡；❷选择"线性"蒙版，如图7-23所示。

步骤 12 在预览窗口中，调整蒙版的角度和位置，如图7-24所示。

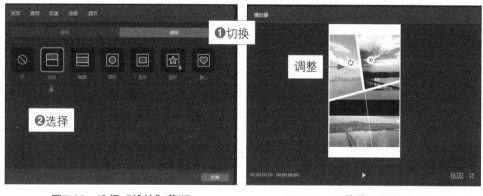

图7-23　选择"线性"蒙版　　　　　图7-24　调整蒙版的角度和位置（1）

步骤 13 在画中画轨道中选择3.mp4视频素材，在预览窗口中，拖曳3.mp4视频素材四周的控制柄，调整素材的大小和位置，使其刚好填充贴纸下方的空白，如图7-25所示。

步骤 14 ❶切换至"画面"操作区的"蒙版"选项卡；❷选择"线性"蒙版；❸单击"反转"按钮，如图7-26所示。

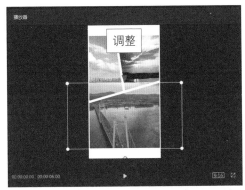

图7-25　调整3.mp4素材的大小和位置

图7-26　单击"反转"按钮

步骤 15　在预览窗口中，调整蒙版的角度和位置，如图7-27所示。添加合适的
背景音乐后，即可将制作的视频导出。

图7-27　调整蒙版的角度和位置（2）

055　多个蒙版：伴随音乐显示画面

在剪映的"蒙版"选项卡中为用户提供
了6个蒙版，分别是"线性"蒙版、"镜面"
蒙版、"圆形"蒙版、"矩形"蒙版、"星
形"蒙版以及"爱心"蒙版，根据音乐使用

▶ 扫码看效果 ◀

▶ 扫码看教程 ◀

不同的蒙版可以制作出不同风格、不同形状的爆款短视频。下面介绍在剪映中应用多个蒙版的操作方法。

步骤 01 在剪映"媒体"功能区中导入8张照片素材和1个音频素材，如图7-28所示。

步骤 02 通过拖曳的方式，将照片素材和音频素材依次添加至视频轨道和音频轨道上，如图7-29所示。

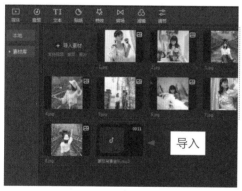

图7-28　导入素材文件　　　　　　　　图7-29　添加素材文件

步骤 03 ❶选择音频素材；❷将时间指示器拖曳至00：00：02：02的位置；❸单击"手动踩点"按钮🏳，如图7-30所示。

步骤 04 执行操作后，即可添加一个黄色的节拍点，如图7-31所示。

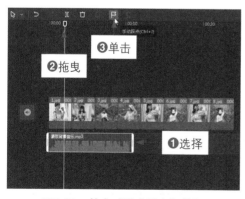
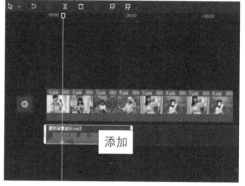

图7-30　单击"手动踩点"按钮　　　　　图7-31　添加黄色的节拍点

步骤 05 使用同样的操作方法，在00：00：03：00、00：00：04：06、

00：00：05：10、00：00：07：06、00：00：08：11以及
00：00：09：17的位置处添加黄色的节拍点，如图7-32所示。

步骤 06 在视频轨道中，选择第1个素材文件，拖曳其右侧的白色拉杆，使其
长度对准音频轨道中的第1个节拍点，如图7-33所示。

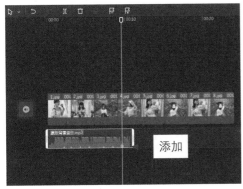

图7-32　添加多个节拍点　　　　　图7-33　调整第1个素材的时长

步骤 07 使用同样的操作方法，调整后面的素材文件时长，使其与相应的节拍
点对齐，如图7-34所示。

步骤 08 在"播放器"面板中，❶设置预览窗口的画布比例为9：16；❷调整
视频画布的尺寸，如图7-35所示。

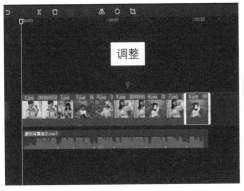

图7-34　调整后面的素材文件时长　　　图7-35　调整视频画布的尺寸

步骤 09 选择第1个素材文件，❶切换至"画面"操作区；❷展开"背景"选
项卡；❸单击"背景填充"下方的下拉按钮；❹在弹出的列表框中选

择"颜色"选项，如图7-36所示。

步骤 10 在"颜色"选项区中，❶选择白色色块；❷单击"应用到全部"按钮，如图7-37所示。

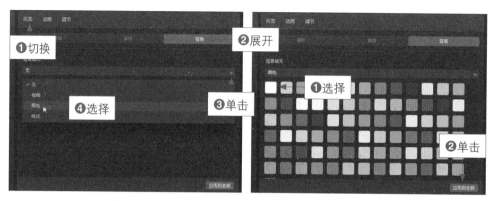

图7-36 选择"颜色"选项　　　图7-37 单击"应用到全部"按钮

步骤 11 ❶切换至"蒙版"选项卡；❷选择"圆形"蒙版，如图7-38所示。

步骤 12 在预览窗口中，调整蒙版的大小和羽化效果，如图7-39所示。

图7-38 选择"圆形"蒙版　　　图7-39 调整蒙版的大小和羽化效果

步骤 13 用上述同样的方法，为第2个素材添加"矩形"蒙版，并在预览窗口中调整蒙版的大小和羽化效果，如图7-40所示。

步骤 14 在视频轨道上选择第3个素材，为其添加"镜面"蒙版，并在预览窗口中调整蒙版的大小和羽化效果，如图7-41所示。

图7-40　调整第2个素材的蒙版效果　　图7-41　调整第3个素材的蒙版效果

步骤 15　在视频轨道上选择第4个素材，为其添加"爱心"蒙版，并在预览窗口中调整蒙版的大小和羽化效果，如图7-42所示。

步骤 16　在视频轨道上选择第5个素材，为其添加"星形"蒙版，并在预览窗口中调整蒙版的大小和羽化效果，如图7-43所示。

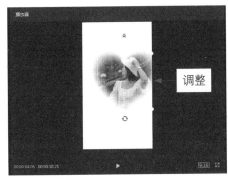

图7-42　调整第4个素材的蒙版效果　　图7-43　调整第5个素材的蒙版效果

步骤 17　在视频轨道上选择第6个素材，为其添加"镜面"蒙版，并在预览窗口中调整蒙版的大小、角度和羽化效果，如图7-44所示。

步骤 18　在视频轨道上选择第7个素材，为其添加"爱心"蒙版，并在预览窗口中调

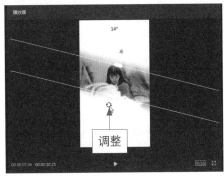

图7-44　调整第6个素材的蒙版效果

整蒙版的大小、角度和羽化效果，如图7-45所示。

步骤 19 在视频轨道上选择第8个素材，为其添加"星形"蒙版，并在预览窗口中调整蒙版的大小、角度和羽化效果，如图7-46所示。

图7-45　调整第7个素材的蒙版效果

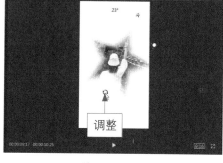
图7-46　调整第8个素材的蒙版效果

步骤 20 选择视频轨道中的第1个素材文件，❶切换至"动画"操作区的"组合"选项卡中；❷选择"旋转降落"选项，为素材添加动画效果，如图7-47所示。用与上同样的方法，为第2个素材添加"旋转缩小"组合动画，为第3个素材添加"降落旋转"组合动画，为第4个素材添加"缩小旋转"组合动画，为第5个素材添加"旋入晃动"组合动画，为第6个素材添加"小火车"组合动画，为第7个素材添加"荡秋千"组合动画，为第8个素材添加"旋转伸缩"组合动画。

步骤 21 将时间指示器拖曳至开始位置处，如图7-48所示。

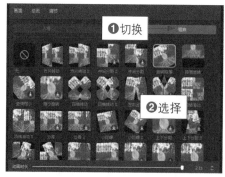
图7-47　选择"旋转降落"选项

图7-48　拖曳时间指示器

步骤 22 在"文本"功能区的"新建文本"选项卡中，单击"默认文本"中的
添加按钮⊕，如图7-49所示。

图7-49　单击添加按钮

▶ **专家提醒**

在调整蒙版时，拖曳蒙版的⌃按钮，可以调整蒙版边缘线的羽化效果，使
蒙版边缘线与背景图层完美融合；应用"矩形"蒙版时，拖曳◻按钮，可以
调整矩形4个角的弧度。

步骤 23 稍等片刻，即可添加文本字幕，拖曳字幕右侧的白色拉杆，调整字幕
时长与第1个素材时长一致，如图7-50所示。

步骤 24 在"编辑"操作区的"文本"选项卡中，❶输入相应的文字内容；
❷设置"颜色"为黑色，如图7-51所示。

图7-50　调整字幕时长

图7-51　设置"颜色"为黑色

步骤 25 对字体样式进行相应设置后，在预览窗口中调整文本的位置和大小，如图7-52所示。

步骤 26 执行操作后，多次复制制作好的文本，粘贴至每张照片素材所对应的位置，并在"编辑"操作区中修改文本内容，效果如图7-53所示。

图7-52 调整文本的位置和大小　　　　图7-53 制作多个文本

056 图片拼接：使用蒙版羽化合成

在剪映中制作画中画图片拼接并不难，应用"线性"蒙版和关键帧便可实现。下面介绍在剪映中制作画中画图片拼接的操作方法。

▶ 扫码看效果　　　▶ 扫码看教程

步骤 01 在剪映"媒体"功能区中导入两张照片素材，如图7-54所示。

图7-54 导入照片素材

步骤 02　将照片素材依次拖曳至视频轨和画中画轨道中，如图7-55所示。

步骤 03　选择画中画轨道中的素材，❶切换至"画面"操作区的"蒙版"选项卡中；❷选择"线性"蒙版，如图7-56所示。

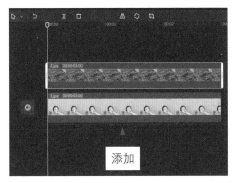

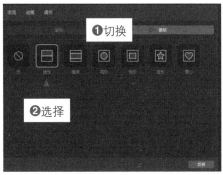

图7-55　添加照片素材　　　　　　　图7-56　选择"线性"蒙版

步骤 04　在预览窗口中，❶调整蒙版的位置；❷拖曳⚓按钮调整蒙版的羽化效果，如图7-57所示。

步骤 05　选择视频轨道中的素材，❶切换至"画面"操作区的"蒙版"选项卡中；❷选择"线性"蒙版；❸单击"反转"按钮，如图7-58所示。

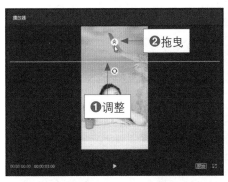

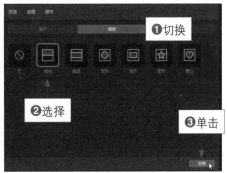

图7-57　调整画中画素材的蒙版效果　　图7-58　单击"反转"按钮

步骤 06　在预览窗口中，❶调整蒙版的位置；❷拖曳⚓按钮调整蒙版的羽化效果，如图7-59所示。

步骤 07　❶选择画中画轨道中的素材；❷拖曳时间指示器至结束位置，如图7-60所示。

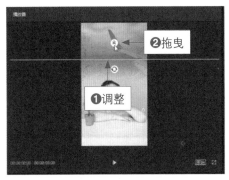

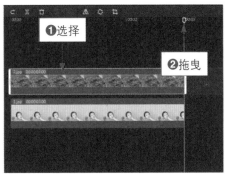

图7-59　调整素材的蒙版羽化效果　　　　图7-60　拖曳时间指示器（1）

步骤 08 ❶切换至"画面"操作区的"基础"选项卡中；❷点亮"坐标"右侧的关键帧按钮◆，如图7-61所示。

步骤 09 执行操作后，❶即可在画中画轨道素材的结束位置添加一个关键帧；❷将时间指示器拖曳至开始位置，如图7-62所示。

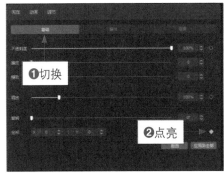

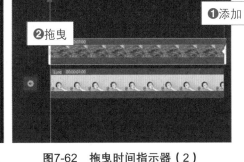

图7-61　点亮关键帧按钮（1）　　　　图7-62　拖曳时间指示器（2）

步骤 10 在预览窗口中，将画中画轨道中的素材拖曳至最顶端的位置，移出窗口画面，如图7-63所示。

步骤 11 执行操作后，即可在画中画轨道素材的开始位置处自动添加一个关键帧，如图7-64所示。

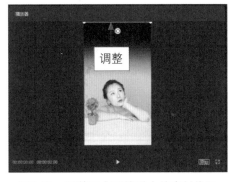

图7-63　调整画中画轨道中的素材位置

步骤 12 选择视频轨道中的素材，在预览窗口中，将视频轨道中的素材拖曳至最底端的位置，移出窗口画面，如图7-65所示。

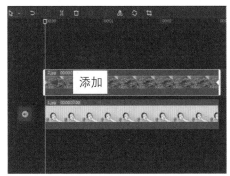 

图7-64 自动添加一个关键帧　　　　图7-65 调整视频轨道中的素材位置

步骤 13 ❶切换至"画面"操作区的"基础"选项卡中；❷点亮"坐标"右侧的关键帧按钮◆，如图7-66所示。

步骤 14 执行操作后，❶即可在视频轨道素材的开始位置添加一个关键帧；❷将时间指示器拖曳至结束位置，如图7-67所示。

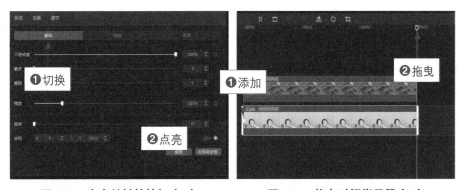

图7-66 点亮关键帧按钮（2）　　　　图7-67 拖曳时间指示器（3）

步骤 15 ❶切换至"画面"操作区的"基础"选项卡中；❷设置"坐标"右侧的Y参数值为0；❸此时"坐标"右侧的关键帧按钮会自动点亮，如图7-68所示。

步骤 16 执行操作后，即可在视频轨道素材的结束位置处添加一个关键帧，如图7-69所示。

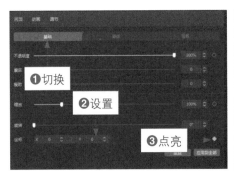

图7-68 设置"坐标"参数

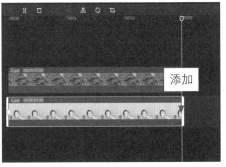

图7-69 在结束位置处添加一个关键帧

057 动静结合：呈现我脑海中的你

在剪映中，应用"圆形"蒙版和"渐显"入场动画可以制作出动静结合、具有梦幻效果的短视频。在照片上显示动态视频，看似难做，其实非常简单。扫码看效果，可以看到画面中的男生看着手上拿着的戒指，左上角浮现出他心爱之人的模样。下面介绍在剪映中制作动静结合短视频的操作方法。

▶ 扫码看效果 ◀　　▶ 扫码看教程 ◀

步骤 01 在剪映"媒体"功能区中导入一张照片素材和一个视频素材，如图7-70所示。

步骤 02 将照片素材添加至视频轨道中，将视频素材添加至画中画轨道中，如图7-71所示。

图7-70 导入素材文件

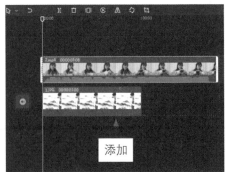

图7-71 添加素材文件

步骤 03 ❶调整照片素材的时长与视频素材时长一致；❷选择画中画轨道中的视频素材，如图7-72所示。

步骤 04 在预览窗口中，调整视频素材的大小和位置，如图7-73所示。

图7-72　选择画中画素材　　　　　图7-73　调整视频素材的大小和位置

步骤 05 选择画中画轨道中的素材，❶切换至"画面"操作区的"蒙版"选项卡中；❷选择"圆形"蒙版，如图7-74所示。

步骤 06 在预览窗口中，调整蒙版的大小、位置以及羽化效果，如图7-75所示。

图7-74　选择"圆形"蒙版　　　　图7-75　调整视频素材的蒙版效果

步骤 07 ❶切换至"动画"操作区的"入场"选项卡；❷选择"渐显"选项；❸设置"动画时长"的参数为0.3s，如图7-76所示。

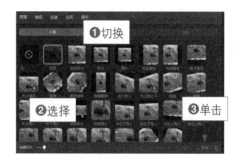

图7-76　设置"动画时长"的参数

058 综艺滑屏：超高级的综艺同款

综艺滑屏是一种展示多段视频的效果，适合用来制作旅行Vlog、综艺片头等。下面介绍使用剪映制作综艺滑屏效果的具体操作方法。

▶ 扫码看效果 ◀

▶ 扫码看教程 ◀

步骤 01 在剪映"媒体"功能区中导入多个视频素材，如图7-77所示。

步骤 02 将第1个视频素材添加到视频轨道上，如图7-78所示。

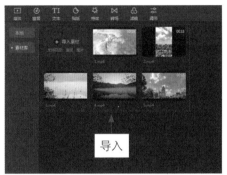

图7-77　导入多个视频素材

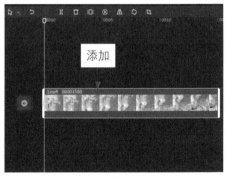

图7-78　将第1个视频添加到视频轨上

步骤 03 在"播放器"面板中，❶设置预览窗口的画布比例为9∶16；❷并适当调整视频的位置和大小，如图7-79所示。

步骤 04 用上述同样的操作方法，依次将其他视频添加到画中画轨道中，在预览窗口中调整视频的位置和大小，如图7-80所示。

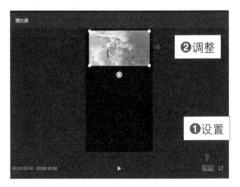

图7-79　调整视频位置和大小

步骤 05 选择视频轨道中的素材，如图7-81所示。

图7-80 调整其他视频的位置和大小

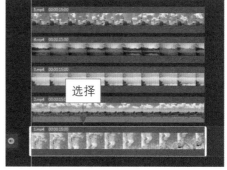

图7-81 选择视频轨道中的素材

步骤 06 ❶切换至"画面"操作区；❷展开"背景"选项卡；❸单击"背景填充"下方的下拉按钮；❹在弹出的列表框中选择"颜色"选项，如图7-82所示。

步骤 07 在"颜色"选项区中，选择白色色块，如图7-83所示。

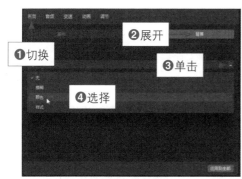

图7-82 选择"颜色"选项

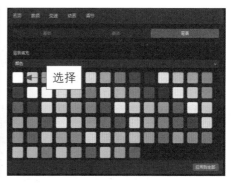

图7-83 选择白色色块

步骤 08 将制作的效果视频导出，新建一个草稿文件，将导出的效果视频重新导入"媒体"功能区中，如图7-84所示。

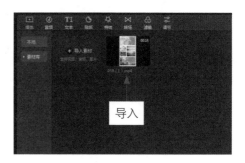

图7-84 导入效果视频

步骤 09 选择效果视频，按住鼠标左键并拖曳，将效果视频添加到视频轨道上，如图7-85所示。

步骤 10 在"播放器"面板中，设置预览窗口的视频画布比例为16∶9，如图7-86所示。

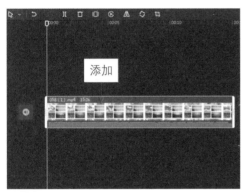

图7-85 添加效果视频　　　　　　图7-86 设置视频画布比例

步骤 11 拖曳视频画面四周的控制柄，调整视频画面大小，使其铺满整个预览窗口，如图7-87所示。

步骤 12 ❶切换至"画面"操作区的"基础"选项卡中；❷点亮"坐标"最右侧的关键帧按钮◆，如图7-88所示。

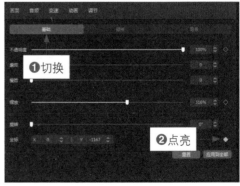

图7-87 调整视频画面大小　　　　　　图7-88 点亮关键帧按钮

步骤 13 执行操作后，❶即可在视频轨道素材的开始位置添加一个关键帧；❷将时间指示器拖曳至结束位置，如图7-89所示。

步骤 14 ❶切换至"画面"操作区的"基础"选项卡中；❷设置"坐标"右侧的Y参数值为1170；❸此时"坐标"右侧的关键帧按钮会自动点亮 ，如图7-90所示。执行操作后，在视频轨道素材的结束位置处即可添加一个关键帧，在预览窗口中可以播放查看制作的滑屏效果。

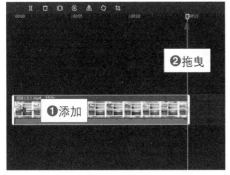

图7-89　拖曳时间指示器

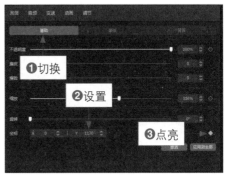

图7-90　设置"坐标"参数

059　混合模式：使用滤色抠出文字

剪映为用户提供了多种混合模式，包括"滤色""变暗""变亮""叠加""强光""柔光""线性加深""颜色加深""颜色减淡"以及"正片叠底"等。当画中画轨道中的素材背景为纯黑色时，可以使用"滤色"模式进行画面抠像，去除素材中的黑色背景。下面介绍在剪映中进行滤色抠像的操作方法。

▶ 扫码看效果 ◀

▶ 扫码看教程 ◀

步骤 01 在剪映的"媒体"功能区中，导入两个视频素材，如图7-91所示。

步骤 02 将两个视频素材分别添加到视频轨道和画中画轨道中，如图7-92所示。

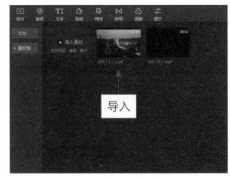

图7-91　导入视频素材

步骤 03 选择画中画轨道中的素材，切换至"画面"操作区的"基础"选项卡中，单击"混合模式"下方的文本框，如图7-93所示。

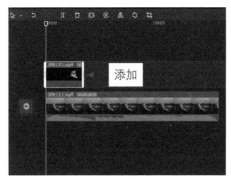

图7-92 添加视频素材

图7-93 单击文本框

步骤 04 在弹出的列表框中，选择"滤色"选项，如图7-94所示。执行操作后，即可为画中画轨道中的素材进行抠像，清除黑色背景，留下文字。

图7-94 选择"滤色"选项

▶ 专家提醒

在"混合模式"下方文本框的最右端有一组上下调节按钮，单击方向朝上的按钮，即可切换至上一个选项；单击方向朝下的按钮，即可切换至下一个选项。

060 　令人头大：**制作头变大的视频**

　　抖音热门的"头变大"特效，你会制作吗？一招教你在剪映中应用蒙版将其制作出来。下面介绍在剪映中应用蒙版制作"头变大"特效的操作方法。

▶ 扫码看效果 ◀　　▶ 扫码看教程 ◀

步骤 01 在剪映的"媒体"功能区中，导入一张照片素材和一个音频素材，如图7-95所示。

步骤 02 ❶将音频素材添加到音频轨道上；❷将照片素材添加到视频轨道上，如图7-96所示。

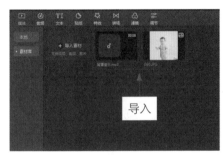
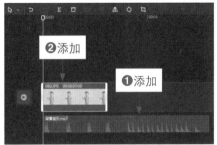

图7-95　导入素材文件　　　　　图7-96　添加素材文件

步骤 03 ❶选择背景音乐；❷拖曳时间指示器至00：00：04：00的位置处；❸单击"分割"按钮Ⅲ，如图7-97所示。

步骤 04 ❶选择分割后的音乐；❷单击"删除"按钮▥，如图7-98所示。

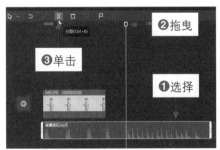
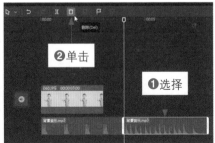

图7-97　单击"分割"按钮（1）　　图7-98　单击"删除"按钮

剪映：零基础学视频剪辑（Windows版）

步骤 05 ❶拖曳时间指示器至背景音乐的合适位置；❷单击"手动踩点"按钮▣，如图7-99所示。

步骤 06 执行操作后，即可在背景音乐上添加第1个节拍点，如图7-100所示。

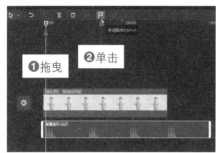

图7-99 单击"手动踩点"按钮　　　　图7-100 添加第1个节拍点

步骤 07 用上述同样的方法，在背景音乐上添加3个节拍点，如图7-101所示。

步骤 08 选择视频轨道上的素材，拖曳右侧的白色拉杆，调整其时长与音频素材时长一致，如图7-102所示。

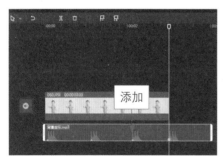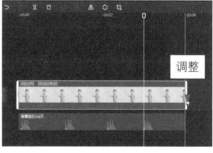

图7-101 添加3个节拍点　　　　图7-102 调整照片素材时长

步骤 09 ❶拖曳时间指示器至第2个节拍点的位置；❷将视频轨中的照片素材复制到画中画轨道中并调整其时长，如图7-103所示。

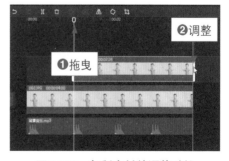

图7-103 复制素材并调整时长

158

步骤 10 在"播放器"面板中，设置视频的画布比例为9：16，如图7-104
所示。

步骤 11 ❶切换至"画面"操作区的"背景"选项卡中；❷单击"背景填充"
下方的下拉按钮；❸在弹出的列表框中选择"模糊"选项，如图
7-105所示。

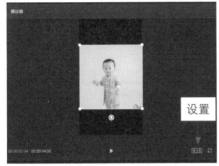

图7-104 设置视频的画布比例　　　　图7-105 选择"模糊"选项

步骤 12 在"模糊"选项区中，选择最后一个模糊样式，如图7-106所示。

步骤 13 选择画中画轨道中的素材，❶切换至"画面"操作区的"蒙版"选项
卡中；❷选择"圆形"蒙版，如图7-107所示。

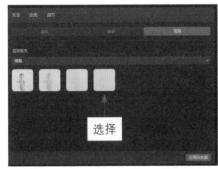
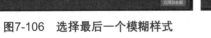

图7-106 选择最后一个模糊样式　　　　图7-107 选择"圆形"蒙版

步骤 14 在预览窗口中，调整蒙版的大小和位置，使其刚好圈住人物的头部，
如图7-108所示。

步骤 15 ❶切换至"画面"操作区的"基础"选项卡中；❷设置"缩放"参数
为140%；❸设置"坐标"参数X为7、Y为 −10，如图7-109所示。

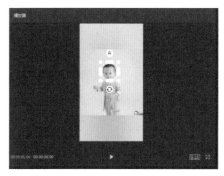

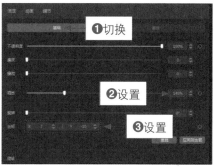

图7-108　调整蒙版的大小和位置　　　　图7-109　设置画中画素材的基础参数

步骤 16　执行上述操作后，即可在预览窗口中查看人物头部变大的效果，如图7-110所示。

步骤 17　❶选择画中画轨道中的素材；❷拖曳时间指示器至最后一个节拍点的位置处；❸单击"分割"按钮▐▌，如图7-111所示。

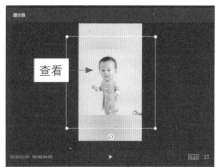

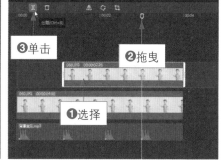

图7-110　查看人物头部变大的效果　　　　图7-111　单击"分割"按钮（2）

步骤 18　用同样的方法，❶将时间指示器拖曳至第3个节拍点的位置处；❷单击"分割"按钮▐▌；❸选择分割出来的第2段画中画素材，如图7-112所示。

步骤 19　❶切换至"画面"操作区的"基础"选项卡中；

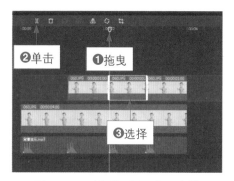

图7-112　选择第2段画中画素材

❷单击"重置"按钮，将所有参数恢复为默认值，如图7-113所示。

步骤 20 将时间指示器拖曳至开始位置处，❶切换至"文本"功能区的"新建文本"选项卡中；❷单击"默认文本"中的添加按钮➕，如图7-114所示。

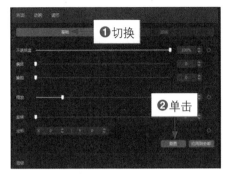 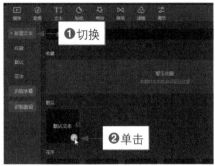

图7-113　单击"重置"按钮　　图7-114　单击"默认文本"中的添加按钮

步骤 21 执行操作后，即可在轨道上添加一个文本，如图7-115所示。

步骤 22 ❶切换至"编辑"操作区的"文本"选项卡；❷在文本框中输入一个问号，如图7-116所示。

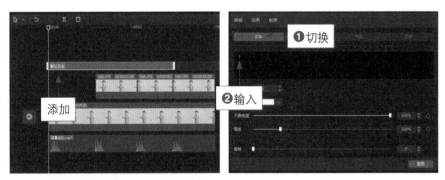

图7-115　添加一个文本　　　　　图7-116　输入一个问号

步骤 23 向下滑动面板，❶在"预设样式"选项区中选择一个文本样式；❷设置"缩放"参数为240%；❸设置"旋转"参数为328°；❹设置"坐标"参数X为 −270、Y为270，如图7-117所示。

步骤 24 执行操作后，即可在预览窗口中查看制作的问号效果，如图7-118所示。

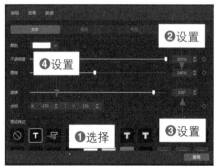

图7-117　设置文字样式及相关参数

图7-118　查看制作的问号效果

步骤 25 ❶拖曳时间指示器至第2个节拍点的位置处；❷单击"分割"按钮，如图7-119所示。

步骤 26 调整分割后的文本时长，如图7-120所示。

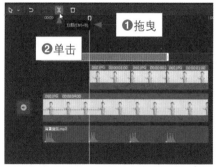

图7-119　单击"分割"按钮（3）

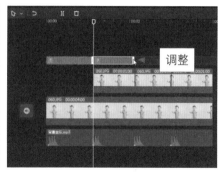

图7-120　调整分割后的文本时长

步骤 27 ❶切换至"编辑"操作区的"文本"选项卡；❷设置"坐标"参数X为−335、Y为305，如图7-121所示。

步骤 28 在预览窗口中可以查看问号调整后的位置，如图7-122所示。

图7-121　设置"坐标"参数（1）

步骤 29 在文本轨道中，❶选择分割的后段文本；❷将其复制粘贴至第2条文本轨道上，如图7-123所示。

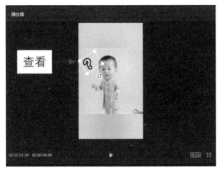

图7-122 查看问号调整后的位置

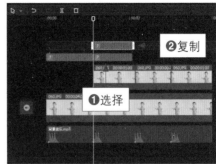

图7-123 复制文本

步骤 30 选择复制的文本，❶切换至"编辑"操作区的"文本"选项卡；❷设置"坐标"参数X为−220、Y为475，如图7-124所示。

步骤 31 执行上述操作后，将时间指示器拖曳至第3个节拍点的位置处，如图7-125所示。

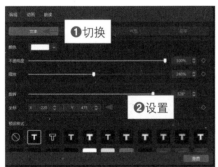

图7-124 设置"坐标"参数（2）

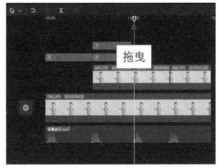

图7-125 拖曳时间指示器

步骤 32 ❶切换至"贴纸"功能区；❷在搜索栏中输入"问号"，按"Enter"键开始搜索，稍等片刻，即可在下方面板中显示搜索出来的问号贴纸；❸找到需要的贴纸并单击添加按钮⊕，如图7-126所示。

步骤 33 执行操作后，即可在时间指示器的位置添加一个问号贴纸，拖曳贴纸右侧的白色拉杆，调整其时长，如图7-127所示。

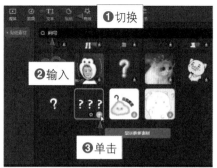

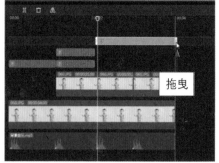

图7-126　单击贴纸中的添加按钮　　　　　图7-127　调整贴纸时长（1）

步骤 34 ❶切换至"编辑"操作区；❷设置"缩放"参数为129%；❸设置 "旋转"参数为292°；❹设置"坐标"参数X为－385、Y为278，如 图7-128所示。

步骤 35 在预览窗口中，可以查看贴纸调整参数后的效果，如图7-129所示。

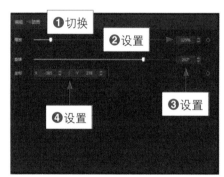

图7-128　设置贴纸参数　　　　　　　图7-129　查看贴纸调整参数后的效果

步骤 36 ❶拖曳时间指示器至第4 个节拍点的位置；❷复制 贴纸并调整贴纸时长，如 图7-130所示。

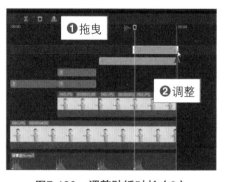

步骤 37 ❶切换至"编辑"操作 区；❷设置"旋转"参数 为29°；❸设置"坐标" 参数X为285、Y为383，如 图7-131所示。

图7-130　调整贴纸时长（2）

步骤 38 在预览窗口中，可以查看第2个贴纸的效果，如图7-132所示。

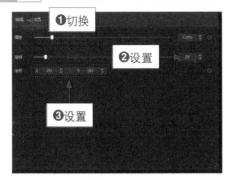

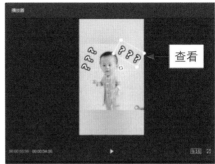

图7-131　设置第2个贴纸的参数　　　　图7-132　查看第2个贴纸的效果

步骤 39 在时间指示器的位置，新增一个文本并调整文本时长，如图7-133所示。

步骤 40 ❶切换至"编辑"操作区的"文本"选项卡；❷在文本框中输入文本内容，如图7-134所示。

图7-133　新增一个文本并调整时长　　　　图7-134　输入文本内容

步骤 41 在"预设样式"❶选项区中，选择一个文本样式；❷设置"缩放"参数为117%；❸设置"坐标"参数X为0、Y为−475，如图7-135所示。

步骤 42 向下滑动面板，在"描

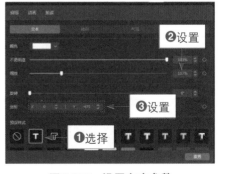

图7-135　设置文本参数

剪映：零基础学视频剪辑（Windows版）

边"选项区中，设置"粗细"参数为70，如图7-136所示。

步骤 43 ❶切换至"排列"选项卡；❷设置"字间距"的参数为25，如图7-137所示。

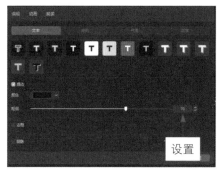

图7-136　设置"粗细"参数

图7-137　设置"字间距"的参数

步骤 44 在预览窗口中，查看文本的效果，如图7-138所示。

步骤 45 选择视频轨中的素材，❶切换至"动画"操作区的"入场"选项卡；❷选择"向右下甩入"选项；❸设置"动画时长"参数

图7-138　查看文本的效果

为0.5s，如图7-139所示。执行操作后，即可在预览窗口中查看制作的视频效果。

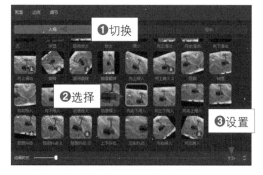

图7-139　设置"动画时长"参数

061 抓不住她：想留住这世间美好

人就站在那里，可就是抓不住她。这样的视频效果，你以为制作起来很难？其实非常简单，应用剪映中的"滤色"混合模式，即可营造一种朦朦胧胧怎么也抓不到人的效果。下面介绍在剪映中制作"抓不住她"效果的操作方法。

▶ 扫码看效果 ◀   ▶ 扫码看教程 ◀

步骤 01 在剪映中导入一张照片、一个手伸出来抓东西的视频以及一个音频素材，如图7-140所示。

步骤 02 将视频素材添加至视频轨道和画中画轨道中，如图7-141所示。

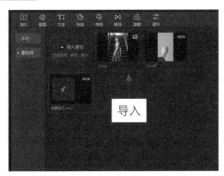

图7-140　导入素材文件

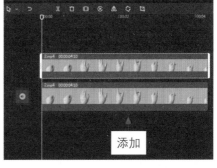

图7-141　添加视频素材

步骤 03 在每隔1秒的位置，对视频进行分割，如图7-142所示。

步骤 04 使用拖曳的方式，将画中画轨道中的第1段视频拖曳至视频轨中第1段视频的后面，如图7-143所示。

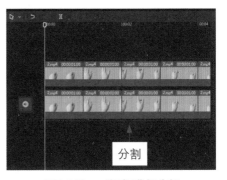

图7-142　对视频进行分割

步骤 05 ❶选择被拖曳的素材；❷单击"镜像"按钮，如图7-144所示。

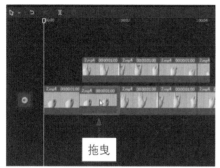

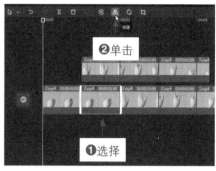

图7-143 拖曳画中画轨道中的素材　　　　图7-144 单击"镜像"按钮

步骤 06 用上述同样的方法，将画中画轨道上的视频片段拖曳至视频轨道中的相应位置，并添加镜像效果，如图7-145所示。

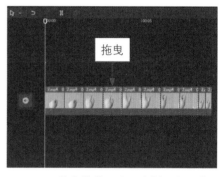

图7-145 拖曳其他画中画素材至相应位置

步骤 07 执行上述操作后，即可在预览窗口中查看调整效果，如图7-146所示。

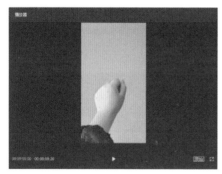

图7-146 查看调整效果

步骤 08 将最后一段视频删除，❶切换至"转场"功能区的"基础转场"选项卡中；❷单击"叠化"转场中的添加按钮，如图7-147所示。

步骤 09 在所有视频素材之间添加"叠化"转场，如图7-148所示。

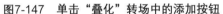

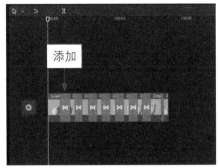

图7-147　单击"叠化"转场中的添加按钮　　　图7-148　添加"叠化"转场

步骤 10　执行上述操作后，将添加叠化效果的视频导出，然后将视频轨道中的素材全部删除，在"媒体"功能区中导入叠化效果视频，如图7-149所示。

步骤 11　通过拖曳的方式，将音频素材、照片素材以及效果视频依次添加到音频轨、视频轨和画中画轨道中，如图7-150所示。

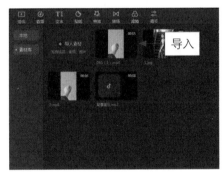

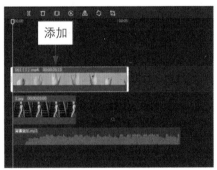

图7-149　导入叠化效果视频　　　　　图7-150　添加素材文件

步骤 12　拖曳照片素材右侧的白色拉杆，调整照片素材时长与音频素材一致，如图7-151所示。

步骤 13　选择画中画轨道中的视频素材，❶切换至"变速"操作区的"常规变速"选项卡中；❷设置"自定时长"

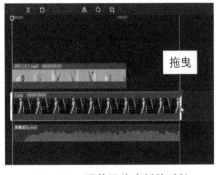

图7-151　调整照片素材的时长

169

参数为8.0s，如图7-152。

步骤 14 执行操作后，视频素材会根据设定的时长进行变速，视频素材上也会显示变速倍数，如图7-153所示。

图7-152 设置"自定时长"参数

步骤 15 ❶切换至"画面"操作区；❷设置"缩放"参数为127%；❸设置"混合模式"为"滤色"选项，如图7-154所示。

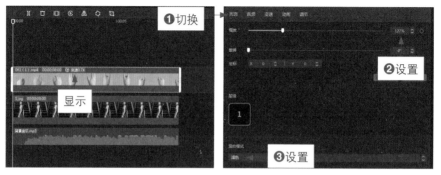

图7-153 显示视频变速倍数　　图7-154 设置相应参数

步骤 16 ❶切换至"特效"功能区的"氛围"选项卡中；❷单击"金粉聚拢"特效中的添加按钮➕，如图7-155所示。

步骤 17 执行操作后，即可添加一个"金粉聚拢"特效并调整特效时长，如图7-156所示。

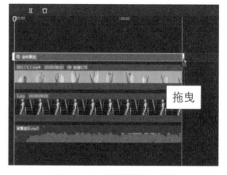

图7-155 单击"金粉聚拢"特效中的添加按钮　　图7-156 调整特效时长

第 8 章

动态相册：
照片也能玩出N个视频

用照片也能制作多种火爆的短视频。本章将为大家介绍用剪映制作多款动态相册视频的方法，让你轻松学会用照片制作短视频，提高你的创作能力，让短视频产生更强的冲击力。

062　光影交错：抖音热门光影特效

　　抖音很火的光影交错短视频，在剪映中只需要用1张照片、几个"光影"特效，配合音乐踩点即可制作出来。下面介绍在剪映中制作光影交错短视频的操作方法。

步骤 01 在剪映中导入一张照片和一段背景音乐，并将其分别添加到视频轨道和音频轨道中，如图8-1所示。

步骤 02 拖曳照片素材右侧的白色拉杆，调整照片素材时长与背景音乐时长一致，如图8-2所示。

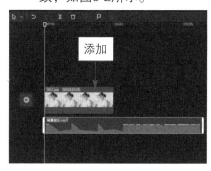
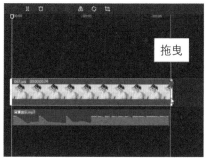

图8-1　添加素材文件　　　　　　　　图8-2　调整素材时长

步骤 03 选择背景音乐，❶拖曳时间指示器至音乐鼓点的位置；❷单击"手动踩点"按钮📭，如图8-3所示。

步骤 04 在音频素材上添加多个节拍点，如图8-4所示。

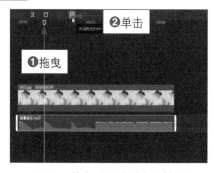
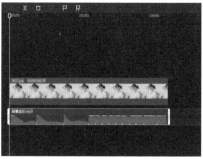

图8-3　单击"手动踩点"按钮　　　　　图8-4　添加多个节拍点

步骤 05 ❶切换至"特效"功能区；❷在"光影"选项卡中单击"暗夜彩虹"特效中的添加按钮➕，如图8-5所示。

步骤 06 执行操作后，即可添加一个"暗夜彩虹"特效，拖曳特效右侧的白色拉杆，将其时长与第1个节拍点对齐，如图8-6所示。

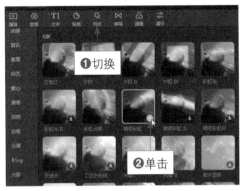

图8-5 单击"暗夜彩虹"特效中的添加按钮

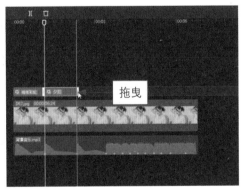

图8-6 调整"暗夜彩虹"特效时长

步骤 07 将时间指示器拖曳至第1个节拍点的位置，❶切换至"特效"功能区；❷在"光影"选项卡中单击"夕阳"特效中的添加按钮➕，如图8-7所示。

步骤 08 执行操作后，即可添加一个"夕阳"特效，拖曳特效右侧的白色拉杆，将其时长与第2个节拍点对齐，如图8-8所示。

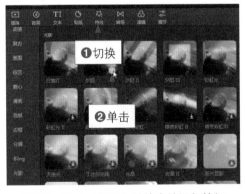

图8-7 单击"夕阳"特效中的添加按钮

图8-8 调整"夕阳"特效时长

步骤 09 用上述同样的方法，在各个节拍点的位置添加相应的光影特效，如图8-9所示。

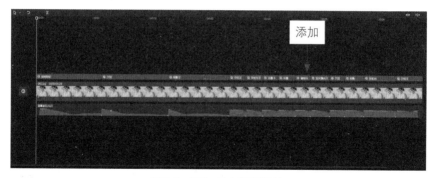

图8-9　添加多个光影特效

063　儿童相册：放大缩小过渡切换

使用剪映的"向下甩入"入场动画、"缩放"组合动画、"边框"特效以及"贴纸"功能等，可以将照片制作成动态相册。下面介绍在剪映中制作儿童相册的操作方法。

▶ 扫码看效果 ◀

▶ 扫码看教程 ◀

步骤 01 在剪映中导入5张照片和一段背景音乐，并分别添加到视频轨道和音频轨道中，如图8-10所示。

步骤 02 根据背景音乐的节奏，拖曳照片素材右侧的白色拉杆，调整照片素材时长分别为00：00：01：08、00：00：01：04、00：00：01：23、00：00：01：25以及00：00：01：15，如图8-11所示。

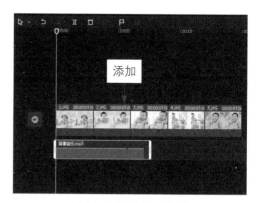

图8-10　添加素材文件

步骤 03 在"播放器"面板中，❶设置画布比例为9：16；❷在预览窗口中调整素材的位置，如图8-12所示。

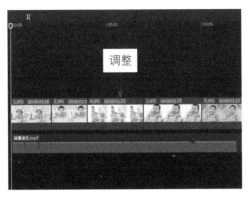

图8-11 调整素材时长

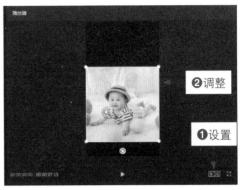

图8-12 调整视频的位置

步骤 04 在"画面"操作区的"基础"选项卡中，单击"应用到全部"按钮，如图
8-13所示。执行操作后，即
可使所有的素材位置一致。

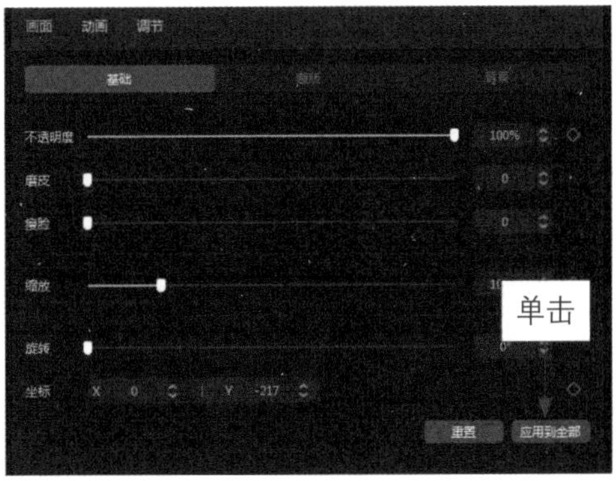

步骤 05 ❶切换至"画面"操作区
的"背景"选项卡中；
❷单击"背景填充"下拉
按钮；❸在弹出的列表框
中选择"模糊"选项，如
图8-14所示。

图8-13 单击"应用到全部"按钮

步骤 06 在"模糊"选项区中，❶选
择第3个模糊样式；❷单击"应用到全部"按钮，如图8-15所示。

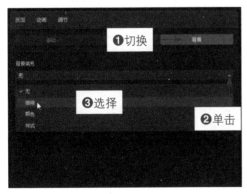

图8-14 选择"模糊"选项

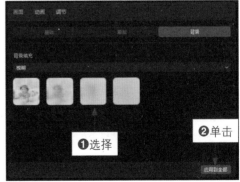

图8-15 设置背景模糊效果

步骤 07 ❶切换至"特效"功能区；❷展开"边框"选项卡；❸单击"白色线框"特效中的添加按钮■，如图8-16所示。

步骤 08 执行操作后，即可添加一个"白色线框"特效，通过拖曳白色拉杆调整特效时长，如图8-17所示。

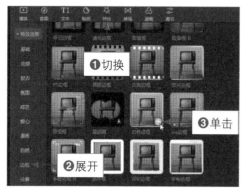

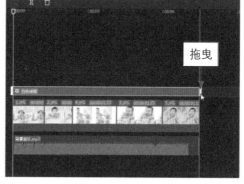

图8-16 单击"白色线框"特效中的添加按钮　　　　图8-17 调整特效时长

步骤 09 ❶切换至"贴纸"功能区的"Vlog"选项卡中；❷选择一个太阳贴纸并单击添加按钮■，如图8-18所示。

步骤 10 执行操作后，即可添加一个太阳贴纸，通过拖曳白色拉杆的方式调整贴纸的时长，如图8-19所示。

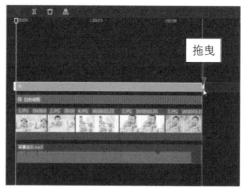

图8-18 单击太阳贴纸上的添加按钮　　　　图8-19 调整太阳贴纸的时长

步骤 11 ❶切换至"贴纸"功能区的"六一"选项卡中；❷单击"快乐成长"贴纸中的添加按钮■，如图8-20所示。

步骤 12 执行操作后，即可添加一个"快乐成长"贴纸，通过拖曳白色拉杆的方式调整贴纸的时长，如图8-21所示。

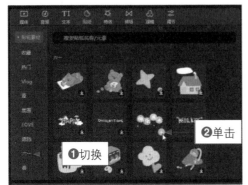
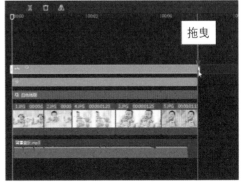

图8-20　单击"快乐成长"贴纸中的添加按钮　　图8-21　调整"快乐成长"贴纸时长

步骤 13 在预览窗口中，调整两个贴纸的大小和位置，如图8-22所示。

步骤 14 选择第1个素材，❶切换至"动画"操作区的"入场"选项卡中；❷选择"向下甩入"选项；❸设置"动画时长"参数为1.3s，如图8-23所示。

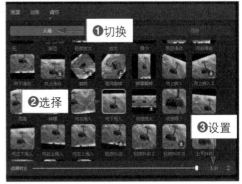

图8-22　调整两个贴纸的大小和位置　　图8-23　设置"动画时长"的参数

步骤 15 在视频轨道中选择第2个素材，如图8-24所示。

步骤 16 ❶切换至"动画"操作区的"组合"选项卡中；❷选择"缩放"选项，如图8-25所示。

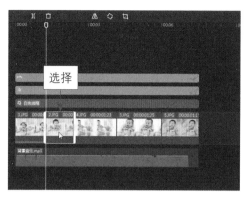

图8-24　选择第2个素材

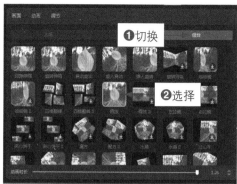

图8-25　选择"缩放"选项

步骤 17　用同样的方法，为剩下的素材添加"缩放"组合动画，效果如图8-26所示。

图8-26　为剩下的素材添加"缩放"组合动画效果

064　青春岁月：再回首依旧是少年

　　歌曲《少年》曾长期占据各大短视频和音乐平台的热门排行榜，高亢的歌声、动听的旋律以及充满正能量的歌词，用这首歌作背景音乐制作出来的短视频，可以引发无数网友的共鸣。下面介绍在剪映中使用《少年》作为背景音乐，制作一个青春岁月短视频的操作方法。

▶ 扫码看效果 ◀

▶ 扫码看教程 ◀

步骤 01 在剪映中导入5张照片和一段背景音乐，如图8-27所示。

步骤 02 将照片素材和背景音乐素材分别添加到视频轨道和音频轨道中，如图8-28所示。

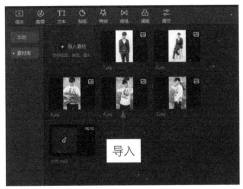

图8-27 导入照片素材和背景音乐素材

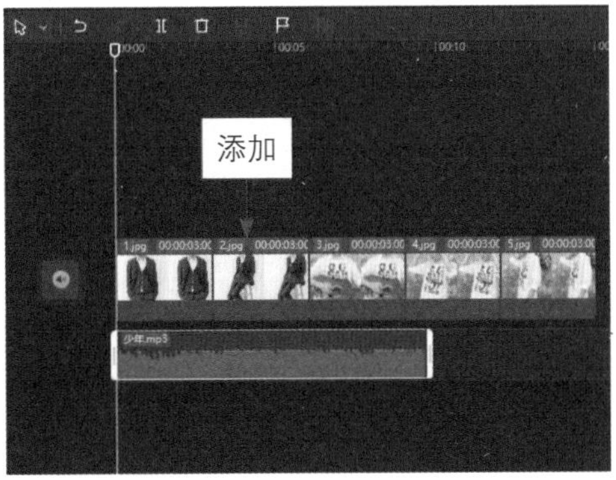

图8-28 添加照片素材和背景音乐素材

步骤 03 在视频轨道中，将第1个素材文件的时长调整为00：00：03：16；将其他素材文件的时长调整为00：00：01：16，如图8-29所示。

步骤 04 在视频轨道中，选择第1个素材文件，如图8-30所示。

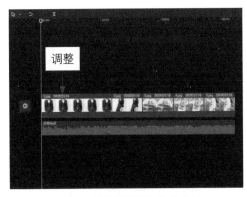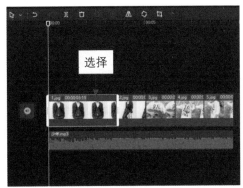

图8-29 调整素材文件的时长

图8-30 选择第1个素材文件

步骤 05 ❶切换至"动画"操作区的"入场"选项卡中；❷选择"缩小"选项，添加动画效果，如图8-31所示。

步骤 06 分别选择后面的4个素材文件，❶切换至"动画"操作区；❷在"入场"选项卡中选择"向左下甩入"选项，为素材添加"向左下甩入"
入场动画，如图8-32所示。

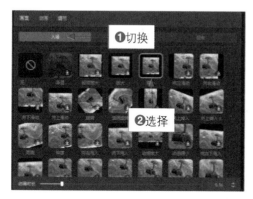

图8-31　选择"缩小"选项

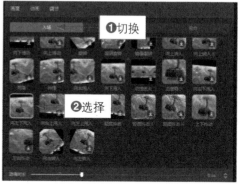

图8-32　选择"向左下甩入"选项

步骤 07　将时间指示器拖曳至开始位置处，❶切换至"特效"功能区；❷在"基础"选项卡中单击"变清晰"特效中的添加按钮■，如图8-33所示。

步骤 08　执行操作后，即可将"变清晰"特效添加到第1个素材文件的上方，并将时长调整为与第1个素材时长一致，如图8-34所示。

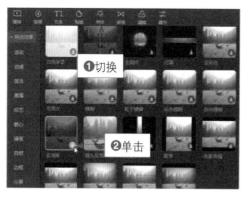

图8-33　单击"变清晰"特效中的添加按钮

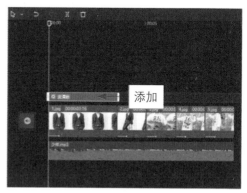

图8-34　添加"变清晰"特效

步骤 09　在"特效"功能区中，❶切换至"氛围"选项卡；❷单击"星火Ⅱ"特效中的添加按钮■，如图8-35所示。

步骤 10 将"星火Ⅱ"特效添加到第2个素材文件的上方，并适当调整其时长，如图8-36所示。

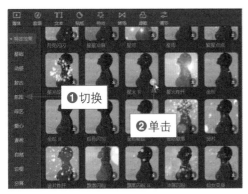

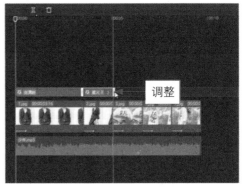

图8-35 单击"星火Ⅱ"特效中的添加按钮 　图8-36 调整"星火Ⅱ"特效时长

步骤 11 复制多个"星火Ⅱ"特效，将其粘贴到其他素材文件的上方，如图8-37所示。

步骤 12 ❶单击"文本"按钮；❷切换至"识别歌词"选项卡；❸单击"开始识别"按钮，如图8-38所示。

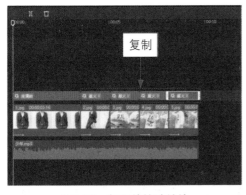

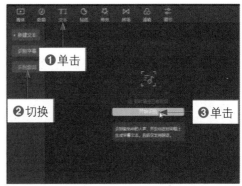

图8-37 复制并粘贴特效 　　　　图8-38 单击"开始识别"按钮

步骤 13 稍等片刻，即可自动生成对应的歌词字幕，如图8-39所示。

步骤 14 选择文本，❶切换至"编辑"操作区；❷在"花字"选项卡中选择相应的花字模板，如图8-40所示。

图8-39 生成歌词字幕

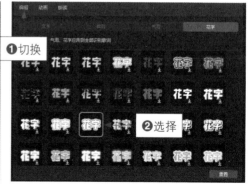

图8-40 选择相应的花字模板

▶ **专家提醒**

当识别出来的歌词字幕有错误时，用户可以在"画面"操作区的"文本"选项卡中修改字幕内容。

步骤 15 在预览窗口中适当调整歌词的位置，如图8-41所示。

步骤 16 ❶切换至"动画"操作区的"入场"选项卡中；❷选择"收拢"选项；❸将"动画时长"设置为1.0s，如图8-42所示。为所有的歌词字幕添加文本动画效果后，即可在预览窗口中播放视频。

图8-41 调整歌词效果

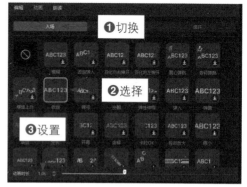

图8-42 设置"动画时长"参数

在剪映中，用户不仅可以使用"转场"功能来实现素材与素材之间的切换，也可以利用"动画"功能做转场，能够让各个素材之间的连接更加紧密。

065 婚纱留影：执子之手与子偕老

使用剪映的"滤色"混合模式合成功能，同时加上"悠悠球"和"碎块滑动Ⅱ"视频动画，以及各种氛围特效等功能，可以将两张照片制作成浪漫温馨的短视频。下面介绍在剪映中制作婚纱留影短视频的操作方法。

▶ 扫码看效果 ◀

▶ 扫码看教程 ◀

步骤 01 在剪映中导入两张照片素材、一个爱心粒子视频素材和一段背景音乐，如图8-43所示。

步骤 02 将两张照片素材添加到视频轨道中，如图8-44所示。

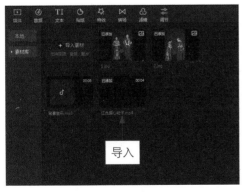

图8-43 导入素材文件

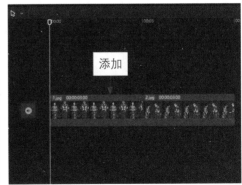

图8-44 添加照片素材

步骤 03 拖曳第2张照片素材右端的白色拉杆，❶调整素材时长为00：00：05：00；

❷将爱心粒子视频素材添加到画中画轨道中的结尾处，如图8-45所示。

步骤 04 选择画中画轨道中的视频素材，❶切换至"画面"操作区；❷设置"混合模式"为"滤色"选项，如图8-46所示。

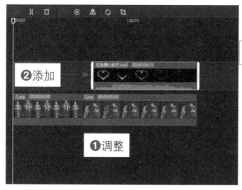

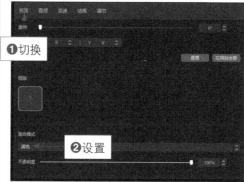

图8-45 将视频素材添加到画中画轨道　　　图8-46 设置"混合模式"为"滤色"选项

步骤 05 在预览窗口中，调整爱心粒子素材的大小和位置，如图8-47所示。

步骤 06 在视频轨道中，选择第1个素材文件，如图8-48所示。

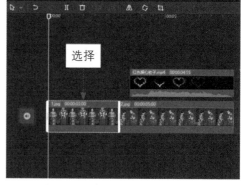

图8-47 调整粒子素材大小和位置　　　　　图8-48 选择第1个素材文件

步骤 07 ❶切换至"动画"操作区；❷在"组合"选项卡中选择"悠悠球"选项，添加动画效果，如图8-49所示。

步骤 08 在视频轨道中，选择第2个素材文件，如图8-50所示。

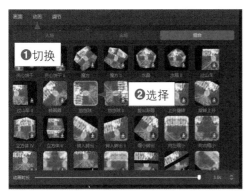

图8-49　选择"悠悠球"选项

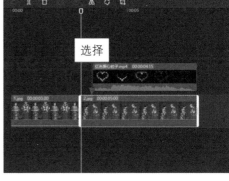

图8-50　选择第2个素材文件

步骤 09　❶切换至"动画"操作区；❷在"组合"选项卡中选择"碎块滑动Ⅱ"选项；❸设置"动画时长"参数为2.0s，为第2张照片素材添加动画效果，如图8-51所示。

步骤 10　❶切换至"特效"功能区；❷在"氛围"选项卡中选择"飘落闪粉"选项，如图8-52所示。

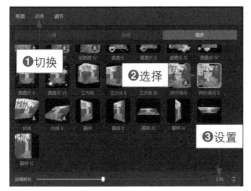

图8-51　设置"动画时长"参数

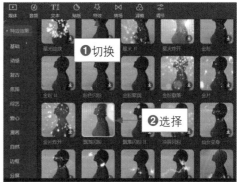

图8-52　选择"飘落闪粉"选项

步骤 11　单击添加按钮，为第1个素材文件添加"飘落闪粉"特效，如图8-53所示。

步骤 12　执行操作后，将时间指示器拖曳至第2个素材的开始位置处，❶切换至"特效"功能区的"爱心"选项卡中；❷单击"爱心缤纷"特效中的添加按钮，如图8-54所示。

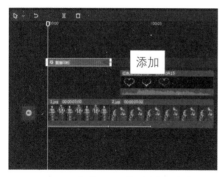

图8-53 添加"飘落闪粉"特效

图8-54 单击"爱心缤纷"特效中的添加按钮

步骤 13 执行上述操作后，即可为第2个素材文件添加"爱心缤纷"特效，拖曳特效右侧的白色拉杆，调整特效时长与第2个素材时长同长，如图8-55所示。

步骤 14 在音频轨道中添加背景音乐，如图8-56所示。在预览窗口中播放视频，即可查看制作的视频效果。

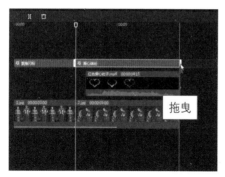

图8-55 添加"爱心缤纷"特效

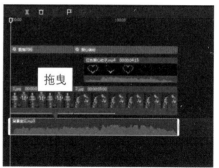

图8-56 添加背景音乐

066 动态写真：背景模糊旋转飞入

　　剪映的"特效"功能区提供了多款Bling特效，在视频中加入不同的Bling特效，可以产生不同的光芒闪烁效果。使用Bling特效、"组合"动画以及"模糊"背景填充等功能，可以将多张写真照片制作成动态视频。

▶ 扫码看效果 ◀

▶ 扫码看教程 ◀

下面介绍在剪映中制作动态写真的操作方法。

步骤 01 在剪映中导入多张照片和一段背景音乐，如图8-57所示。

步骤 02 将照片素材依次添加到视频轨道中，如图8-58所示。

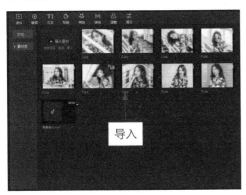

图8-57 导入照片素材和背景音乐素材

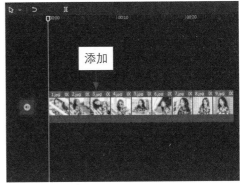

图8-58 添加照片素材

步骤 03 通过拖曳照片素材上的白色拉杆，调整第2张照片素材的时长为00：00：01：00，第3~8张照片素材的时长均为00：00：00：26，第9张照片素材的时长为00：00：00：27，如图8-59所示。

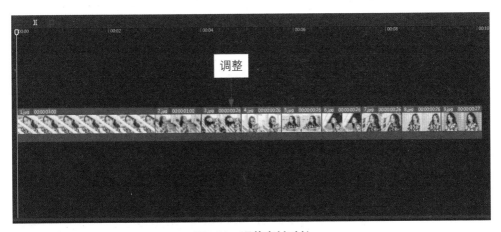

图8-59 调整素材时长

步骤 04 选择第1张照片素材，如图8-60所示。

步骤 05 ❶切换至"动画"操作区；❷展开"组合"选项卡，如图8-61所示。

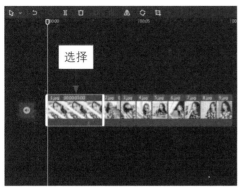

图8-60　选择第1张照片素材（1）

图8-61　展开"组合"选项卡

步骤 06 ❶选择"降落旋转"选项；❷设置"动画时长"参数为最长，如图8-62所示。

步骤 07 选择视频轨道中的第2张照片素材，在"动画"操作区的"组合"选项卡中，选择"旋转降落"选项，如图8-63所示。

图8-62　设置"动画时长"参数

步骤 08 选择视频轨道中的第3张照片素材，在"动画"操作区的"组合"选项卡中，选择"旋入晃动"选项，如图8-64所示。

图8-63　选择"旋转降落"选项（1）

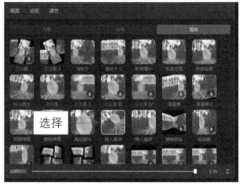

图8-64　选择"旋入晃动"选项

步骤 09 选择视频轨道中的第4张照片素材，在"动画"操作区的"组合"选项卡中，选择"荡秋千"选项，如图8-65所示。

步骤 10 选择视频轨道中的第5张照片素材，在"动画"操作区的"组合"选项卡中，选择"荡秋千Ⅱ"选项，如图8-66所示。

图8-65 选择"荡秋千"选项　　　　图8-66 选择"荡秋千Ⅱ"选项

步骤 11 选择视频轨道中的第6张照片素材，在"动画"操作区的"组合"选项卡中，选择"旋转降落"选项，如图8-67所示。

步骤 12 用上述同样的方法，❶为第7、8、9张照片素材添加与第4、5、6张照片素材相同的动画效果；❷将时间指示器拖曳至开始位置处；❸选择第1张照片素材，如图8-68所示。

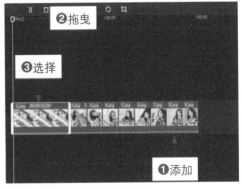

图8-67 选择"旋转降落"选项（2）　　图8-68 选择第1张照片素材（2）

步骤 13 在"播放器"面板的右下角，❶单击相应按钮；❷在弹出的列表框中选择9∶16选项，如图8-69所示。

步骤 14 执行操作后，即可调整视频的画布比例，如图8-70所示。

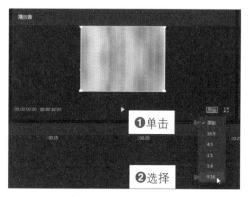

图8-69　选择9∶16选项　　　　　图8-70　调整视频的画布比例

步骤 15 ❶切换至"画面"操作区；❷展开"背景"选项卡；❸单击"背景填充"下方的下拉按钮；❹在弹出的列表框中选择"模糊"选项，如图8-71所示。

步骤 16 在"模糊"选项区中，❶选择第2个样式；❷此时面板中会弹出信息提示框，提示用户背景已添加到所选择的片段上，如图8-72所示。

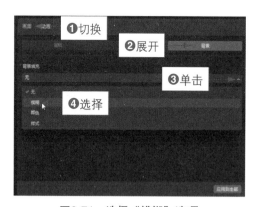

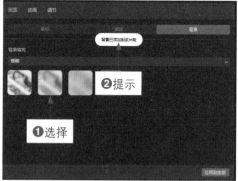

图8-71　选择"模糊"选项　　　　　图8-72　弹出信息提示框

步骤 17 单击面板下方的"应用到全部"按钮，即可将当前背景设置应用到视频轨道的全部素材片段上，如图8-73所示。

步骤 18 在预览窗口中，可以查看背景模糊效果，如图8-74所示。

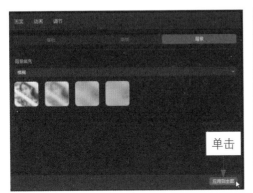

图8-73 单击"应用到全部"按钮 　　　图8-74 查看背景模糊效果

步骤 19 再次将时间指示器拖曳至开始位置处，切换至"特效"功能区，如图8-75所示。

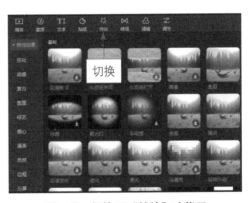

图8-75 切换至"特效"功能区

步骤 20 ❶展开Bling选项卡；❷单击"星星闪烁Ⅱ"特效中的添加按钮 ，如图8-76所示。

步骤 21 执行操作后，即可添加一个"星星闪烁Ⅱ"特效，拖曳特效右侧的白色拉杆调整其时长，如图8-77所示。

步骤 22 在音频轨中添加背景音乐，如图8-78所示。在预览窗口中播放视频，即可查看制作的视频效果。

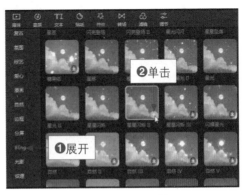

图8-76 单击添加按钮

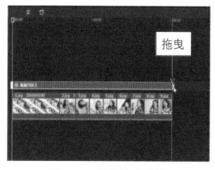

图8-77　调整特效时长

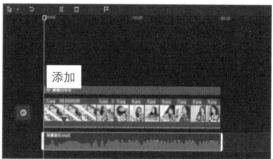

图8-78　添加背景音乐

067　缩放相框：制作门很多的效果

　　缩放相框效果只需要一张照片，即可在剪映中使用蒙版和缩放功能制作出来，画面看上去就像有许多扇门一样，给人一种神奇的视觉感受。下面介绍在剪映中制作多个缩放相框门的操作方法。

▶ 扫码看效果 ◀　　▶ 扫码看教程 ◀

步骤 01　在剪映中导入一张照片素材和一段背景音乐，如图8-79所示。

步骤 02　将照片素材添加到视频轨道中，如图8-80所示。

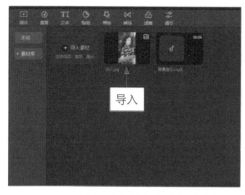

图8-79　导入照片素材和背景音乐素材

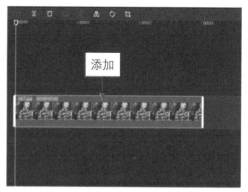

图8-80　添加照片素材

步骤 03 选择轨道中的素材，在"画面"操作区的"蒙版"选项卡中，❶选择
"矩形"蒙版；❷单击"反转"按钮，如图8-81所示。

步骤 04 在预览窗口中调整蒙版的大小和位置，如图8-82所示。

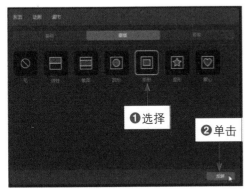

图8-81 单击"反转"按钮（1）

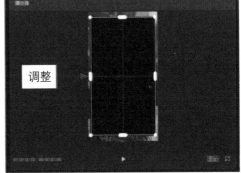

图8-82 调整蒙版的大小和位置

步骤 05 选择视频轨道中的第1个素材，按"Ctrl + C"组合键和"Ctrl + V"组
合键进行两次复制和粘贴，❶一个粘贴在视频轨道第1个素材的后
面；❷一个粘贴在画中画轨道的开始位置，如图8-83所示。

步骤 06 选择画中画轨道中的素材，在预览窗口中调整素材的大小与位置，如
图8-84所示。

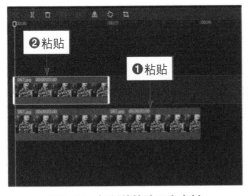

图8-83 复制并粘贴两个素材

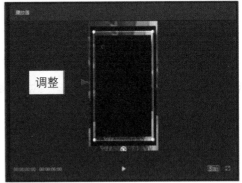

图8-84 调整画中画素材的大小与位置

步骤 07 选择第1条画中画轨道中的第1个素材，按"Ctrl + C"组合键和"Ctrl +
V"组合键进行两次复制和粘贴，❶一个粘贴在第1条画中画轨道中第

1个素材的后面；❷一个粘贴在第2条画中画轨道的开始位置，如图8-85所示。

步骤 08 在预览窗口中，调整第2条画中画轨道中素材的大小和位置，如图8-86所示。

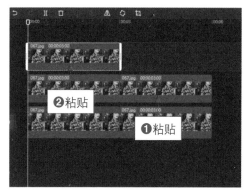
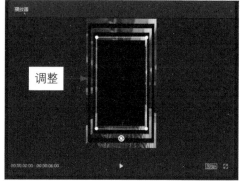

图8-85 复制并粘贴画中画轨道中的素材　　图8-86 调整第2条画中画素材的大小与位置

步骤 09 画中画轨道最多能添加6条，用上述同样的操作方法，❶继续复制并粘贴素材，增加的画中画轨道越多，制作出来的效果更好；❷选择第6条画中画轨道中的第1个素材，如图8-87所示。

步骤 10 在预览窗口中调整素材的大小和位置，如图8-88所示。

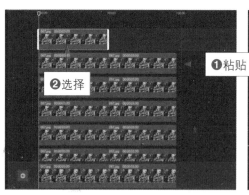
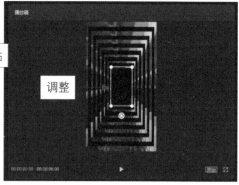

图8-87 选择第6条画中画轨道中的素材　　图8-88 调整第6条画中画素材的大小与位置

步骤 11 在"画面"操作区的"蒙版"选项卡中，单击"反转"按钮，如图8-89所示。

步骤 12 在预览窗口中，可以查看蒙版反转效果，如图8-90所示。

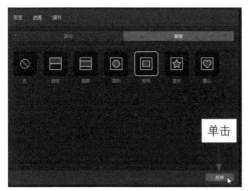

图8-89 单击"反转"按钮（2）

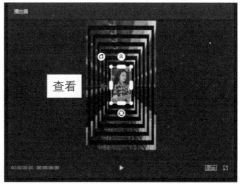

图8-90 查看蒙版反转效果

步骤 13 执行上述操作后，❶复制第6条画中画轨道的第1个素材；❷并将其粘贴至素材后面，如图8-91所示。

步骤 14 选择视频轨道中的第1个素材，在"动画"操作区的"入场"选项卡中，❶选择"放大"选项；❷设置"动画时长"参数为0.5s，如图8-92所示。

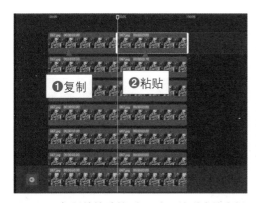

图8-91 复制并粘贴第6条画中画轨道中的素材

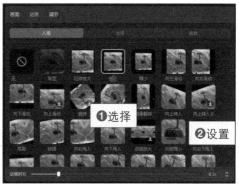

图8-92 设置"动画时长"参数（1）

步骤 15 用上述同样的方法，依次为6条画中画轨道中的第1个素材添加"放大"入场动画，设置"动画时长"的参数逐层叠加0.5s，第6条画中画轨道中第1个素材的"动画时长"参数值为最大，如图8-93所示。

步骤 16　选择视频轨道中的第2个素材，在"动画"操作区的"出场"选项卡中，❶选择"缩小"选项；❷设置"动画时长"参数为0.5s，如图8-94所示。

图8-93　为轨道中的第1个素材添加动画效果　　图8-94　设置"动画时长"参数（2）

步骤 17　用上述同样的方法，依次为6条画中画轨道中的第2个素材添加"缩小"出场动画，并设置"动画时长"的参数逐层叠加0.5s，第6条画中画轨道中第2个素材的"动画时长"参数值为最大，如图8-95所示。

步骤 18　在音频轨道中添加背景音乐，如图8-96所示。在预览窗口中播放视频，即可查看制作的视频效果。

图8-95　为轨道中的第2个素材添加动画效果　　图8-96　添加背景音乐

068　照片显现：局部显示照片画面

在剪映中应用"切割"工具、"圆形"蒙版、"动画"功能以及"心河"特效等，可以制作出照片从局部显示到完整显示在画面中的视频效果。下面介绍在剪映中制作照片显现短视频的操作方法。

▶ 扫码看效果 ◀　▶ 扫码看教程 ◀

步骤 01　在剪映中导入一张照片素材并将其添加到视频轨道上，如图8-97所示。

步骤 02　调整照片时长为00：00：10：12，如图8-98所示。

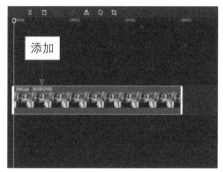 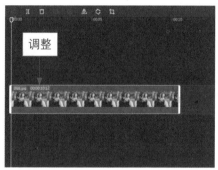

图8-97　添加照片素材　　　图8-98　调整照片时长

步骤 03　在音频轨上添加一段背景音乐，如图8-99所示。

步骤 04　❶在工具栏中单击"切换鼠标选择状态或切割状态"下拉按钮▼；❷在弹出的列表框中选择"切割"选项，如图8-100所示。

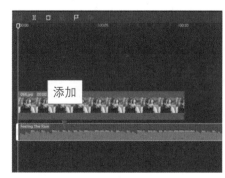 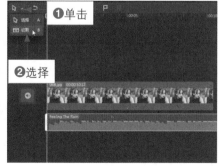

图8-99　添加背景音乐　　　图8-100　选择"切割"选项

步骤 05　此时鼠标会切换为切割状态🔷，同时开启预览轴，将鼠标移至需要切割的位置，如图8-101所示。

步骤 06　单击鼠标左键即可将音频分成两段，❶此时系统将默认选择后一段音频；❷单击"删除"按钮，如图8-102所示。

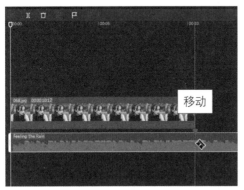　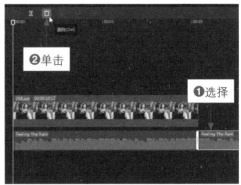

图8-101　移动鼠标至切割位置　　　　图8-102　单击"删除"按钮

▶ 专家提醒

当鼠标切换为切割状态🔷时，"时间线"面板右上角的"打开预览轴"按钮▥会自动点亮变成"关闭预览轴"按钮▥，当该按钮点亮时，则表示已开启预览轴功能，在"时间线"面板中会出现一条黄色的线，这条黄线便是预览轴，鼠标在什么位置，预览轴便在什么位置，且预览窗口中会显示预览轴所在位置的视频画面。当鼠标处于切割状态🔷时，预览轴是无法关闭的，只有将鼠标切换为选择状态，才能单击"关闭预览轴"按钮▥将预览轴关闭。

步骤 07　将鼠标切换为选择状态，并关闭预览轴，❶选择音频素材；❷拖曳时间指示器至00：00：01：14的位置；❸单击"手动踩点"按钮▤，如图8-103所示。

步骤 08　执行操作后，即可在时间指示器的位置添加一个节拍点，用与上同样的方法，在00：00：02：24、00：00：04：04、00：00：05：14以及00：00：07：12的位置添加节拍点，如图8-104所示。

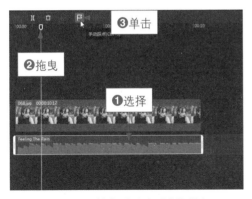

图8-103　单击"手动踩点"按钮

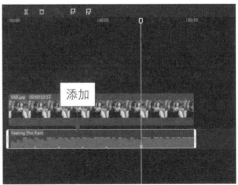

图8-104　添加节拍点

步骤 09 在最后一个节拍点的位置，❶选择视频轨道上的素材；❷单击"分割"按钮，如图8-105所示。

步骤 10 执行上述操作后，选择分割的前一段素材，如图8-106所示。

步骤 11 在"画面"操作区中，❶切换至"蒙版"选项卡；❷选择"圆形"蒙版，如图8-107所示。

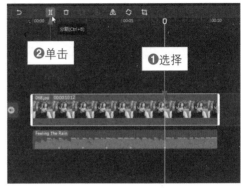

图8-105　单击"分割"按钮

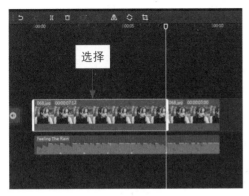

图8-106　选择分割的前一段素材

图8-107　选择"圆形"蒙版

步骤 12 在预览窗口中，调整蒙版的位置、大小和羽化，如图8-108所示。

步骤 13 ❶将时间指示器拖曳至第1个节拍点的位置；❷复制视频轨道中的第1段素材并粘贴在画中画轨道中；❸调整其结束位置与最后一个节拍点对齐，如图8-109所示。

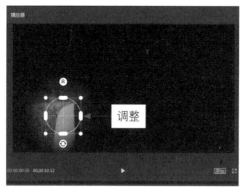

图8-108　调整蒙版的位置大小

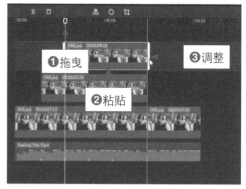

图8-109　调整第1个画中画素材的时长

步骤 14 在预览窗口中，调整第2个蒙版的位置，如图8-110所示。

步骤 15 ❶将时间指示器拖曳至第2个节拍点的位置；❷复制画中画轨道中的素材并粘贴在第2条画中画轨道中；❸调整其结束位置与最后一个节拍点对齐，如图8-111所示。

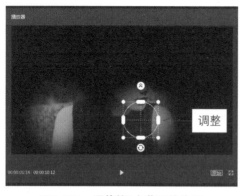

图8-110　调整第2个蒙版的位置

图8-111　调整第2个画中画素材的时长

步骤 16 在预览窗口中，调整第3个蒙版的位置，如图8-112所示。

步骤 17 ❶将时间指示器拖曳至第3个节拍点的位置；❷复制第2条画中画轨道

中的素材并粘贴在第3条画中画轨道中；❸调整其结束位置与最后一个节拍点对齐，如图8-113所示。

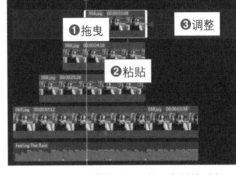

图8-112　调整第3个蒙版的位置　　　　图8-113　调整第3个画中画素材的时长

步骤 18　在预览窗口中，调整第4个蒙版的位置，如图8-114所示。

步骤 19　❶将时间指示器拖曳至第4个节拍点的位置；❷复制第3条画中画轨道中的素材并粘贴在第4条画中画轨道中；❸调整其结束位置与最后一个节拍点对齐，如图8-115所示。

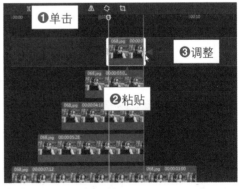

图8-114　调整第4个蒙版的位置　　　　图8-115　调整第4个画中画素材的时长

步骤 20　在预览窗口中，调整第5个蒙版的位置，如图8-116所示。

步骤 21　将时间轴拖曳至最后一个节拍点的位置处，在"特效"功能区的"氛围"选项卡中，单击"心河"特效中的添加按钮➕，如图8-117所示。

剪映：零基础学视频剪辑（Windows版）

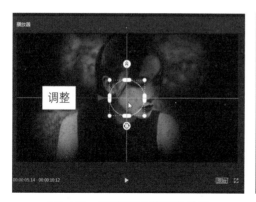

图8-116　调整第5个蒙版的位置

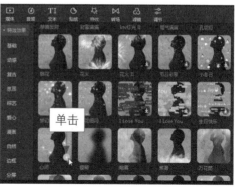

图8-117　单击"心河"特效中的添加按钮

步骤 22　执行操作后，即可为视频轨道上的第2段素材添加"心河"特效，如图8-118所示。

步骤 23　选择视频轨道上的第2段素材，在"动画"操作区的"组合"选项卡中，选择"回弹伸缩"选项，如图8-119所示。

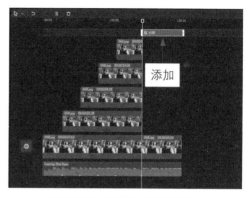

图8-118　添加"心河"特效

步骤 24　执行操作后，选择视频轨道上的第1段素材，在"动画"操作区的"入场"选项卡中，❶选择"向右下甩入"选项；❷设置"动画时长"的参数为1.0s，如图8-120所示。

图8-119　选择"回弹伸缩"选项

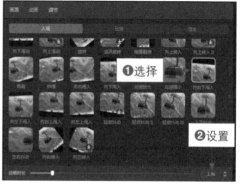

图8-120　设置"动画时长"的参数

步骤 25 执行上述操作后，为第1条画中画轨道中的素材添加"向左下甩入"入场动画，为第2条和第3条画中画轨道中的素材添加"向下甩入"入场动画，为第4条画中画轨道中的素材添加"渐显"入场动画，且"动画时长"全部设置为1.0s。完成动画效果的添加后，即可在"播放器"面板中单击"播放"按钮，在预览窗口中查看制作的照片显现效果。

069 照片重影：一分为二重影特效

在剪映中应用"分割"功能、"矩形"蒙版、"变清晰"特效、"波纹色差"特效以及"星火炸开"特效等，可以制作出一分为二的照片重影效果。下面介绍在剪映中制作照片重影短视频的操作方法。

▶ 扫码看效果 ◀

▶ 扫码看教程 ◀

步骤 01 在剪映中导入一张照片素材、一张抠图素材和一段背景音乐，如图8-121所示。

步骤 02 ❶将照片素材添加到视频轨道上；❷将背景音乐添加到音频轨道上，如图8-122所示。

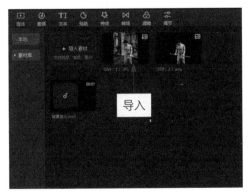

图8-121 导入素材文件

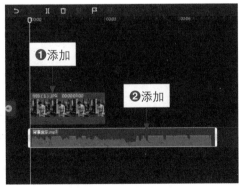

图8-122 添加素材文件

步骤 03 拖曳照片素材右侧的白色拉杆，调整其时长与背景音乐一致，如图8-123所示。

步骤 04 ❶拖曳时间指示器至音乐鼓点00：00：04：22的位置；❷单击"分割"按钮，如图8-124所示。

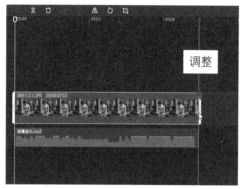

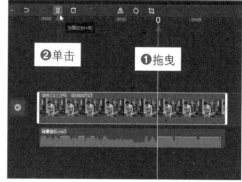

图8-123　调整素材时长　　　　　　　　图8-124　单击"分割"按钮

步骤 05 将抠图素材添加至画中画轨道中，并调整其时长与视频轨道中第2段素材的时长一致，如图8-125所示。

步骤 06 选择视频轨道中的第2段照片素材，在"画面"操作区的"基础"选项卡中，❶设置"缩放"参数为137%；❷设置"坐标"X参数为75、Y参数为−280，如图8-126所示。

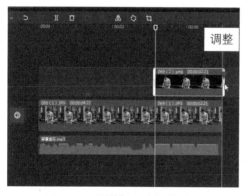

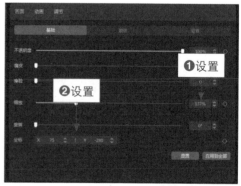

图8-125　调整抠图素材的时长　　　　　　图8-126　设置"坐标"参数（1）

步骤 07 执行操作后，即可将照片素材放大，并将人物移至画面右下角，效果
如图8-127所示。

步骤 08 选择画中画轨道中的抠图素材，在"画面"操作区的"基础"选项卡
中，❶设置"缩放"参数为187%；❷设置"坐标"X参数为−317、Y
参数为0，如图8-128所示。

图8-127 查看素材调整效果（1）　　　　图8-128 设置"坐标"参数（2）

步骤 09 执行操作后，即可将抠图素材放大并向左移，效果如图8-129所示。

步骤 10 ❶切换至"蒙版"选项卡；❷选择"矩形"蒙版；❸单击"反转"按
钮，如图8-130所示。

图8-129 查看素材调整效果（2）　　　　图8-130 单击"反转"按钮

步骤 11 在预览窗口中，调整蒙版的位置、大小和羽化，使被抠图素材遮挡的
人物显现出来，如图8-131所示。

步骤 12 将时间指示器拖曳至第1段素材的开始位置，❶切换至"特效"功能
区；❷在"基础"选项卡中单击"变清晰"特效中的添加按钮⊕，如
图8-132所示。

图8-131　调整蒙版的位置、大小和羽化

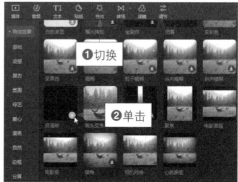

图8-132　单击"变清晰"特效中的添加按钮

步骤 13 执行操作后，即可添加"变清晰"特效，如图8-133所示。

步骤 14 拖曳"变清晰"特效右侧的白色拉杆，调整其时长与视频轨道中的第
1段素材时长一致，如图8-134所示。

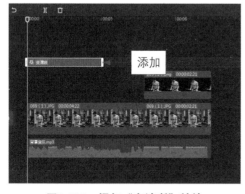

图8-133　添加"变清晰"特效

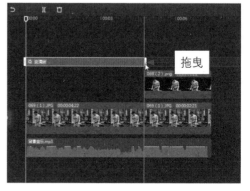

图8-134　调整"变清晰"特效的时长

步骤 15 ❶切换至"特效"功能区；❷在"动感"选项卡中单击"波纹色差"
特效中的添加按钮⊕，如图8-135所示。

步骤 16 执行操作后，即可添加"波纹色差"特效，如图8-136所示。

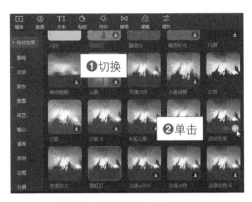

图8-135　单击"波纹色差"特效中的添加按钮

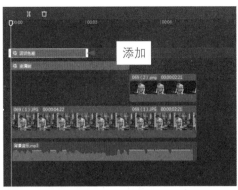

图8-136　添加"波纹色差"特效

步骤 17 拖曳"波纹色差"特效右侧的白色拉杆，调整其时长与视频轨道中的第1段素材时长一致，如图8-137所示。

步骤 18 拖曳时间指示器至视频轨道中第2段素材的开始位置，如图8-138所示。

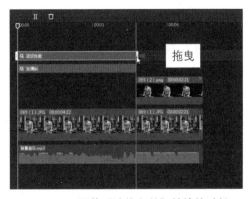

图8-137　调整"波纹色差"特效的时长

步骤 19 ①切换至"特效"功能区；②在"氛围"选项卡中单击"星火炸开"特效中的添加按钮，如图8-139所示。

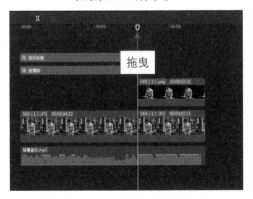

图8-138　拖曳时间指示器的位置

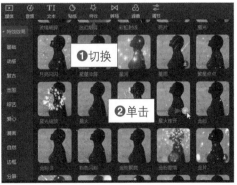

图8-139　单击"星火炸开"特效中的添加按钮

步骤 **20** 执行操作后，即可添加"星火炸开"特效，如图8-140所示。

步骤 **21** 拖曳"星火炸开"特效右侧的白色拉杆，调整其时长与视频轨道中的第2段素材时长一致，如图8-141所示。执行上述操作后，即可在预览窗口中查看制作的照片重影效果。

图8-140 添加"星火炸开"特效

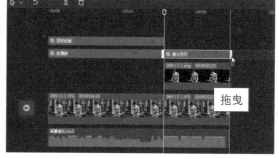

图8-141 调整"星火炸开"特效的时长

第 9 章

电影大片：
把短视频剪出影视效果

本章主要介绍的是影视剧中的经典镜头效果，包括空间转换、魔法变身、分身特效、变身消失、灵魂附体以及毒液附身等。如果你喜欢看电影、电视剧，对这些影视效果肯定不陌生，但你会制作吗？认真学习本章介绍的制作方法，假以时日你也可以制作出精彩的电影大片。

070 空间转换：瞬间穿越不同时空

"空间转换"顾名思义就是从一个空间转换到另一个空间。在剪映中使用"圆形"蒙版和关键帧等功能，可以制作瞬间穿越不同时空的效果，使两个空间自然过渡、不违和。例如，将镜头对准当前空间的某一处，

▶ 扫码看效果 ◀　　▶ 扫码看教程 ◀

慢慢将镜头推近，然后迅速推近被摄物体穿越到另一个时空，完成空间转换。下面介绍在剪映中制作空间转换效果的操作方法。

步骤 01 在剪映中导入两个视频素材和一个音频素材，如图9-1所示。

步骤 02 将第1个视频重复添加到视频轨道中，如图9-2所示。

 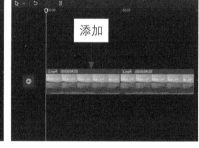

图9-1 导入素材文件　　　　图9-2 重复添加第1个视频

步骤 03 ❶选择后一段视频素材；❷单击"倒放"按钮 ⓒ，如图9-3所示。

步骤 04 待视频倒放完成后，将第2个视频添加到画中画轨道中，如图9-4所示。

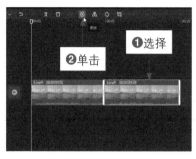 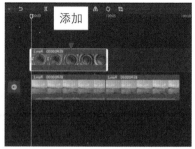

图9-3 单击"倒放"按钮　　　　图9-4 添加第2个视频

步骤 05　将时间指示器拖曳至00：00：03：14的位置，如图9-5所示。

步骤 06　在"画面"操作区的"基础"选项卡中，单击"缩放"右侧的"添加
关键帧"按钮■，如图9-6所示。

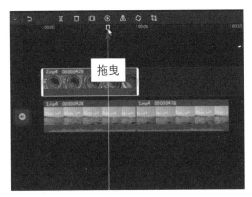

图9-5　拖曳时间指示器（1）　　　　图9-6　单击"添加关键帧"按钮

步骤 07　执行操作后，❶即可在画中画素材上添加一个关键帧；❷将时间指示
器拖曳至画中画素材的结束位置，如图9-7所示。

步骤 08　在"画面"操作区的"基础"选项卡中，❶设置"缩放"参数为
500%；❷此时右侧的关键帧按钮会自动点亮，表示自动生成关键
帧，如图9-8所示。

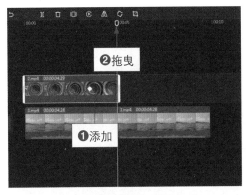
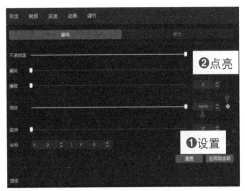

图9-7　拖曳时间指示器（2）　　　　图9-8　设置"缩放"参数

步骤 09　将时间指示器拖曳至第1个关键帧的位置处，在"画面"操作区中，

❶切换至"蒙版"选项卡；❷选择"圆形"蒙版；❸单击下方的"反转"按钮，如图9-9所示。

步骤 10 在预览窗口中，拖曳蒙版四周的控制柄，调整蒙版的位置、大小和羽化，如图9-10所示。

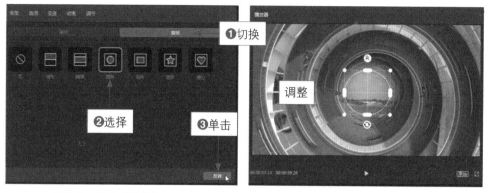

图9-9 单击"反转"按钮　　　　　图9-10 调整蒙版位置、大小

步骤 11 执行操作后，❶切换至"音频"功能区；❷展开"音效素材"下的"转场"选项卡；❸找到并单击"嗖嗖"音效中的添加按钮，如图9-11所示。

步骤 12 执行操作后，即可在时间指示器的位置处添加"嗖嗖"音效，如图9-12所示。

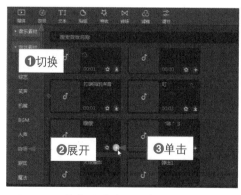
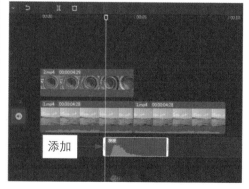

图9-11 单击"嗖嗖"音效中的添加按钮　　　　图9-12 添加"嗖嗖"音效

步骤 13　在"媒体"功能区中，通过拖曳的方式将背景音乐添加到音频轨道中，如图9-13所示。

步骤 14　执行上述操作后，单击"关闭原声"按钮🔊，关闭视频轨中素材的声音，如图9-14所示。在"播放器"面板中，单击"播放"按钮▶，即可在预览窗口查看制作的空间转换视频效果。

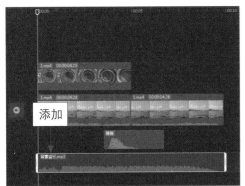

图9-13　添加背景音乐

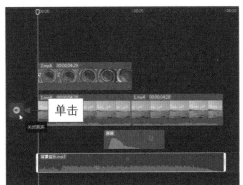

图9-14　单击"关闭原声"按钮

071 魔法变身：把小玩偶变成水果

　　《西游记》中著名的"七十二变"想必大家都知道，剧中孙悟空可以随心所欲地变出各种各样的东西，还可以将A物品变成B物品，像类似"点石成金"这样的影视片段大家应该在各种各样的仙侠剧中都看过。在剪

▶ 扫码看效果 ◀

▶ 扫码看教程 ◀

映中使用"魔法变身"特效，即可制作上述效果，如将小玩偶变成水果。下面介绍在剪映中制作魔法变身效果的操作方法。

步骤 01　在剪映中导入两个视频素材和一个音频素材，如图9-15所示。

步骤 02　❶将两个视频素材添加到视频轨道中；❷将音频素材添加到音频轨道中，如图9-16所示。

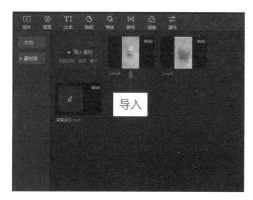

图9-15　导入素材文件

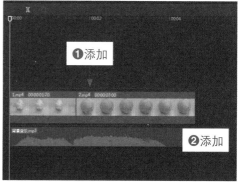

图9-16　添加素材文件

步骤 03　选择第2个视频，拖曳其右侧的白色拉杆，调整其时长与音频时长一致，如图9-17所示。

步骤 04　❶切换至"特效"功能区；❷展开"氛围"选项卡；❸单击"魔法变身"特效中的添加按钮 ，如图9-18所示。

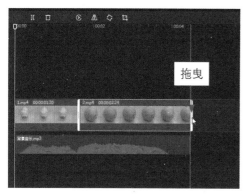

图9-17　调整视频时长

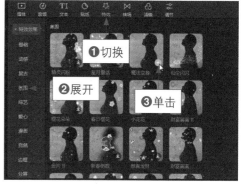

图9-18　单击"魔法变身"特效中的添加按钮

▶ 专家提醒

在使用"魔法变身"特效时，有以下两点需要注意。

➢ 第1个视频的时长为00：00：01：20，视频结束时正好是魔法棒施展特效的节点，视频时长过短或过长，都达不到想要的变身效果。

➢ 第2个视频中物体的位置需要与第1个视频中物体的位置一致，否则容易被观众看穿，影响视频效果。

步骤 **05** 执行操作后，即可添加"魔法变身"特效，如图9-19所示。

步骤 **06** 拖曳特效右侧的白色拉杆，调整其结束位置与第2个视频的结束位置对齐，如图9-20所示。

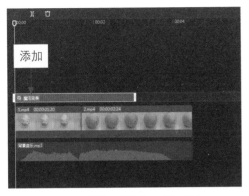

图9-19 添加"魔法变身"特效

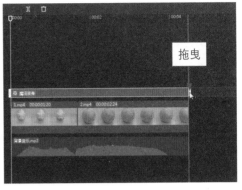

图9-20 调整特效时长

072 分身特效：一人饰演两个角色

我们经常能在电影中看到一个人饰演两个角色，且这两个角色还经常同框出现的片段，常常让人怀疑是不是导演找了对双胞胎来饰演。其实这样的分身特效只需要固定机位，拍摄一段演员在屏幕左侧的视频和一段演员在屏幕右侧的视频，然后将两段视频用蒙版合成即可制作出一人分饰两角的效果。下面介绍在剪映中制作分身特效的操作方法。

▶ 扫码看效果 ◀　　▶ 扫码看教程 ◀

步骤 **01** 在剪映中导入两个视频素材和一个音频素材，如图9-21所示。

步骤 **02** 将第1个视频素材添加到

图9-21 导入素材文件

视频轨道中，如图9-22所示。

步骤 03 拖曳视频右侧的白色拉杆，将视频的时长调整为00：00：05：07，如图9-23所示。

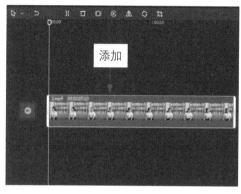

图9-22　添加素材文件

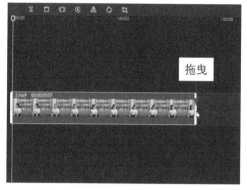

图9-23　调整素材时长

步骤 04 在预览窗口查看第1个视频，可以看到演员坐在沙发的右侧，如图9-24所示。

步骤 05 将第2个视频添加到画中画轨道中，调整其时长与第1个视频时长一致，如图9-25所示。

图9-24　查看第1个视频

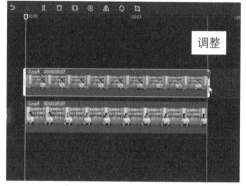

图9-25　添加第2个视频

步骤 06 在预览窗口查看第2个视频，可以看到演员坐在沙发的左侧，如图9-26所示。

步骤 07 在"画面"操作区中，❶切换至"蒙版"选项卡；❷选择"线性"蒙版，如图9-27所示。

图9-26　查看第2个视频

图9-27　选择"线性"蒙版

步骤 08 在预览窗口中，调整蒙版的位置、角度和羽化，如图9-28所示。

步骤 09 在音频轨道中添加一段背景音乐并调整其时长与视频时长一致，如图9-29所示。

图9-28　调整蒙版的位置、角度和羽化

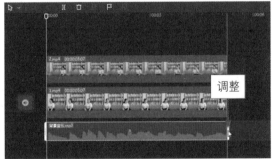

图9-29　添加背景音乐并调整时长

073　变身消失：人变黑雾消散世间

很多电影和电视剧中都有人物变成烟雾、花瓣消失的特效，还有变凤凰、变乌鸦飞走的特效，呈现出来的画面非常炫酷。在剪映中使用"叠化"转场、粒子素材等，可以制作人变黑雾消散的效果。下面介绍在剪

▶ 扫码看效果　　▶ 扫码看教程

映中制作变身消失效果的操作方法。

步骤 01 在剪映中导入3个视频素材和一个音频素材，如图9-30所示。第1个视频为人物奔跑入镜，第2个视频为空镜头，第3个视频为黑雾粒子素材。

步骤 02 ❶将两个视频素材添加到视频轨道中；❷将音频素材添加到音频轨道中，如图9-31所示。

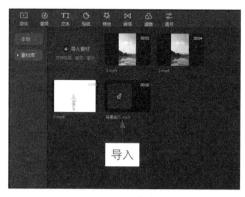

图9-30　导入素材文件

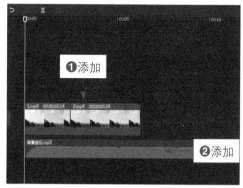

图9-31　添加素材文件

步骤 03 选择第2个视频，拖曳其右侧的白色拉杆，调整时长为00：00：03：00，如图9-32所示。

步骤 04 ❶选择第1个视频；❷拖曳时间指示器至00：00：00：18的位置处；❸将视频左侧的白色拉杆拖曳至时间指示器的位置，如图9-33所示。

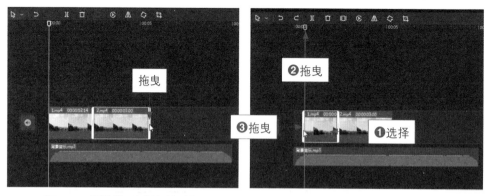

图9-32　调整第2个视频的时长　　　　图9-33　拖曳左侧的白色拉杆

步骤 05 ❶拖曳时间指示器至00：00：01：17的位置处；❷将视频右侧的白色

拉杆拖曳至时间指示器的位置，如图9-34所示。

步骤 06 单击"定格"按钮▣，如图9-35所示。

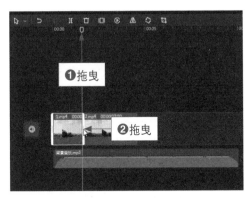

图9-34　拖曳右侧的白色拉杆　　　　　图9-35　单击"定格"按钮

步骤 07 执行操作后，即可生成一个定格素材，调整定格素材的时长为
00：00：02：00，如图9-36所示。

步骤 08 选择第1个视频素材，在"变速"操作区的"常规变速"选项卡中，
设置"自定时长"参数为6.1s，如图9-37所示。

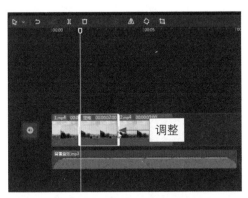

图9-36　调整定格素材的时长　　　　　图9-37　设置"自定时长"参数

步骤 09 拖曳时间指示器至定格素材与第2个视频素材的中间，如图9-38所示。

步骤 10 在"转场"功能区的"基础转场"选项卡中，单击"叠化"转场中的
添加按钮⊕，如图9-39所示。

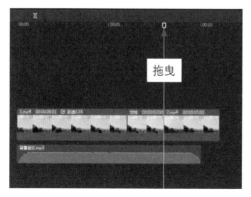

图9-38 拖曳时间指示器

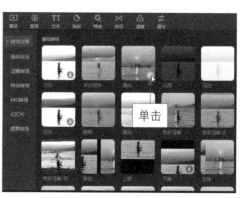

图9-39 单击添加按钮

步骤 11 执行操作后，即可在定格素材与第2个视频素材之间添加"叠化"转场，如图9-40所示。

步骤 12 在"转场"操作区中，设置"转场时长"参数为1.0s，如图9-41所示。

步骤 13 将粒子素材添加至画中画轨道中，注意其结束位置要与视频轨道中第2个视频的结束位置对齐，如图9-42所示。

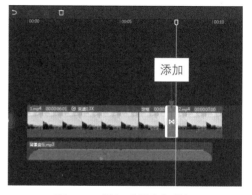

图9-40 添加"叠化"转场

图9-41 设置"转场时长"参数

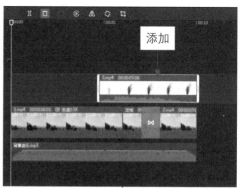

图9-42 添加粒子素材

步骤 14 在"画面"操作区中，设置"混合模式"为"正片叠底"选项，去除粒子素材中的白色背景，如图9-43所示。

步骤 15 在预览窗口中，调整粒子素材的大小和位置，使其与人物重合，如图9-44所示。执行上述操作后，即可查看制作人变黑雾消散的视频效果。

图9-43　设置"混合模式"为"正片叠底"选项

图9-44　调整粒子素材的大小和位置

074　灵魂附体：玄幻剧中的名场面

"灵魂附体""元神出窍"这样的桥段可谓是比较常见的特效了，在很多玄幻剧、仙侠剧中都会用到。在剪映中，用户可以通过调整视频的不透明度来实现。下面介绍在剪映中制作灵魂附体效果的操作方法。

▶ 扫码看效果 ◀

▶ 扫码看教程 ◀

步骤 01 在剪映中导入两个视频素材和一个音频素材，如图9-45所示。

步骤 02 ❶将两个视频素材分别添加到视频轨道和画中画轨道中；❷将音频素

材添加到音频轨道中，如图9-46所示。

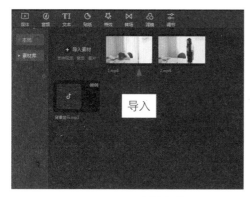

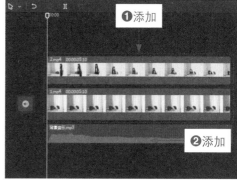

图9-45　导入素材文件　　　　　　　　　图9-46　添加素材文件

步骤 03 选择画中画轨道中的素材，在"画面"操作区中，❶设置"混合模式"为"正片叠底"选项；❷设置"不透明度"参数为50%，如图9-47所示。

步骤 04 在预览窗口中，查看画面合成后的效果，如图9-48所示。可以看到桌面上趴着的身影变虚，呈现出透明状态。

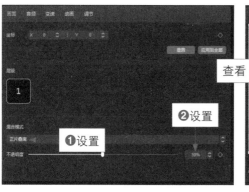

图9-47　设置"不透明度"参数　　　　　图9-48　查看合成后的效果

步骤 05 在"画面"操作区中，❶切换至"蒙版"选项卡；❷选择"圆形"蒙版；❸单击"反转"按钮，如图9-49所示。

步骤 06 在预览窗口中，调整蒙版的位置、大小、角度和羽化，使桌面上趴着的身影变实，如图9-50所示。执行上述操作后，即可在预览窗口中查看制作的灵魂附体视频效果。

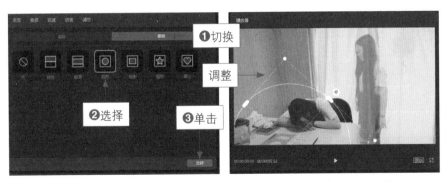

图9-49 选择"圆形"蒙版   图9-50 调整"圆形"蒙版

075 毒液附身：与外星人合为一体

在很多科幻剧中，经常能够看到外星人降
临地球，附身在人类身上与人类共生的剧情，
例如大众比较熟悉的"毒液"。在剪映中，制
作被毒液附身的视频效果，只需要一个毒液素
材和一个人物害怕并向后仰的视频素材，再通

▶ 扫码看效果 ◀   ▶ 扫码看教程 ◀

过后期剪辑合成即可实现。下面介绍在剪映中制作毒液附身效果的操作方法。

步骤 01 在剪映中导入两个视频素材，如图9-51所示。

步骤 02 ❶将人物素材添加到视频轨道中；❷将毒液素材添加到画中画轨道中，如图9-52所示。

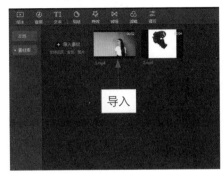
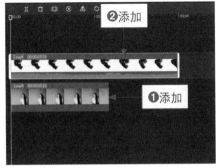

图9-51 导入素材文件   图9-52 添加素材文件

步骤 03 拖曳画中画轨道素材右侧的白色拉杆，调整其时长与视频轨道中的素材一致，如图9-53所示。

步骤 04 在"画面"操作区中，设置"混合模式"为"正片叠底"选项，如图9-54所示。

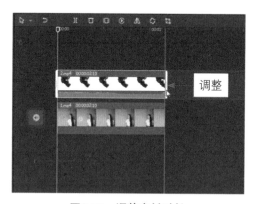

图9-53　调整素材时长

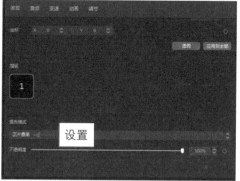

图9-54　设置"混合模式"为"正片叠底"选项

步骤 05 执行上述操作后，❶设置"缩放"参数为86%；❷设置"旋转"参数为341°；❸设置"坐标"X为0、Y为−135，如图9-55所示。

步骤 06 在预览窗口中，可以查看画面合成的效果，如图9-56所示。

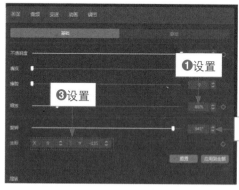

图9-55　设置画中画素材画面的基础参数

图9-56　查看画面合成的效果

步骤 07 将时间指示器拖曳至00：00：00：10的位置处，此时人物即将向后仰，如图9-57所示。

步骤 08 在"画面"操作区的"基础"选项卡中，点亮"坐标"关键帧，如图9-58所示。

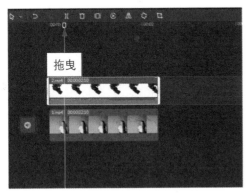

图9-57 拖曳时间指示器

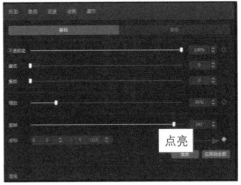

图9-58 点亮"坐标"关键帧

步骤 09 将时间指示器拖曳至画中画素材的结束位置处，在"画面"操作区的"基础"选项卡中，设置"坐标"X为119、Y为−125，自动添加一个关键帧，使画中画素材跟随人物变动位置，如图9-59所示。

步骤 10 ❶切换至"蒙版"选项卡；❷选择"线性"蒙版，如图9-60所示。

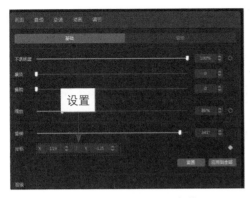

图9-59 设置"坐标"参数

图9-60 选择"线性"蒙版

步骤 11 在预览窗口中，调整蒙版的位置、角度和羽化，如图9-61所示。

步骤 12 在"音频"操作区中，设置"淡出时长"参数为0.3s，如图9-62所示。

图9-61 调整蒙版的位置、角度和羽化

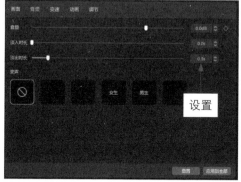

图9-62 设置"淡出时长"参数